景观建筑师的职业必修课

FROM IDEA TO SITE

A project guide to creating better landscapes

（英）克莱尔·瑟尔沃尔（Claire Thirlwall） 著　张晨　译

北方联合出版传媒（集团）股份有限公司
辽宁科学技术出版社

图书在版编目（CIP）数据

景观建筑师的职业必修课 /（英）克莱尔·瑟尔沃尔（Claire Thirlwall）著；张晨译. -- 沈阳：辽宁科学技术出版社，2025. 1.
ISBN 978-7-5591-3633-6

Ⅰ. TU983

中国国家版本馆 CIP 数据核字第 20243B7A82

出版发行：辽宁科学技术出版社
（地址：沈阳市和平区十一纬路 25 号　邮编：110003）
印 刷 者：辽宁新华印务有限公司
经 销 者：各地新华书店
幅面尺寸：210mm×210mm
印　　张：11.8
字　　数：300 千字
出版时间：2025 年 1 月第 1 版
印刷时间：2025 年 1 月第 1 次印刷
责任编辑：于　芳
封面设计：关木子
版式设计：关木子
责任校对：韩欣桐

书　号：ISBN 978-7-5591-3633-6
定　价：69.00 元

联系电话：024-23280070
邮购热线：024-23284502
E-mail: editorariel@163.com
http://www.lnkj.com.cn

“陆上风景是最棒的艺术。”

安迪·沃霍尔（1985年，美国）

献给保罗——我最喜欢的景观建筑师

目录

鸣谢

感谢威尔·布奇纳尔、保罗·F.、詹姆斯·希契莫夫教授、玛吉中心的媒体团队、顿查·奥谢、古斯塔夫森·波特与鲍曼设计事务所的同事以及霍华德·伍德慷慨地为案例研究提供了信息和许多图像。案例研究构成了这本书的主体——问题真的太多了。

感谢马丁·布朗（是他出了一个好主意说服我写这本书）、詹妮·巴雷特博士、彭尼·伯特、詹妮弗·福拉基斯、保罗·吉布斯、亚历山大·夸特利、安妮莉·汤姆森和保罗·威尔金森提供建议及道义支持，并在需要时让我离开电脑。

感谢斯蒂芬·奥尔德顿、安德鲁·多布森、肯尼·邓肯、克里斯特·尼科尔森、罗伯·唐纳德、马克·法默、斯图尔特·吉尔莫、林达·哈里斯、安德鲁·金赛、瓦妮莎·朱克斯、科林·摩尔、汤姆·欧尔顿、苏·帕尔默、杰克·罗宾逊、邓肯·里德、基思·罗、迈克·希尔顿和布里特·沃格（我的瑞典语翻译检查员）的同事，以及推特、Stackflow平台和LinkedIn领英平台上的同事，他们用耐心和热情解答了我的众多问题，有的是相当晦涩难懂。

感谢伊莱恩·克雷斯韦尔、亨利·芬比·泰勒和伊恩·兰奇伯里对最初的提案进行了审查——他们的评论对此书的命运产生了巨大的影响，感谢大卫·贾维斯阅读了初稿。

感谢安纳马里克·德布鲁因、迈克尔·克林顿、安娜·德克尔、凯瑟琳·埃尔德雷德、保罗·埃金斯教授、查德·肯尼迪、史蒂夫·马斯林、豪尔·茅格里奇、格雷厄姆·鲁克教授、阿伦·特纳和本·沃德允许我使用他们工作的摘录。

感谢杰里米·巴雷尔，国家基础设施保护中心（Centre for Protection of National Infrastructure），体贴建筑商公司（Considerate Constructors），杰基·克罗斯，大卫·贾维斯景观建筑事务所（David Jarvis Associates），Humanscale优门设计的哈尼·哈塔米，伊莱克斯·佩萨奇与城市建设事务所（Ilex Paysage+Urbanisme），国际生活未来研究所（International Living Future Institute），景观研究所档案馆和图书馆的员工，菲普斯可持续景观中心，塔利联合事务所，摩根·辛德尔建筑与基础设施有限公司的露西·威尔特夏和同事们及what3words平台慷慨地提供照片。

感谢本书的实现小组——巴里·阿特金、奇普·卡佩利、格温妮丝·德·卡维亚和维妮弗雷德·德·卡维亚、马琳·基廷、布里吉特·凯勒、凯瑟琳·金、乔伊斯·克里斯特詹森、贝丝·佩里和史蒂文·罗宾斯提供如此之多的正能量，证明了不需要面对面也能实现合作。

感谢查米安·比迪、理查德·布莱克本、克莱尔·霍洛韦、苏珊娜·李尔、西昂·帕克豪斯、丽兹·韦伯斯特和英国皇家建筑师学会出版社的所有人，感谢他们专业而令人放心地将最初的构思变为最终的出版物。

感谢我的优秀客户让我有幸在他们的景观上工作。

还要感谢我的家人——多谢，不过我不会出售电影版权。

序言

鉴于我的背景，这本书是从英国的角度写的，但我希望每个国家的景观设计师都能找到与他们的工作相关的内容。如果你的国家已经解决了我提出的任何问题，或者在你的工作中，你从完全不同的角度看待问题，请与我联系。我希望这本书能激发讨论，让我们质疑自己的工作方式，最终创造出更好的景观。

对于我提出的一些问题，我并没有解决方案。我将它们纳入书里，因为我想强调问题本身，然后让读者得出自己的结论。

希望读这本书能让你有时间思考自己的工作——即使你在每一点上都与我意见相左，你也会花时间考虑自己的工作，为什么这么做，然后在最理想的情况下，它能助你成为一名更好的景观设计师。如果做到了这点，我会很高兴的。

克莱尔·瑟尔沃尔，2019年写于牛津郡

简介

景观建筑师处理建筑与建筑之间的空间——从事景观建筑师工作的人可能与建筑师一样多，但媒体和建筑媒体对该职业的报道很少，建筑和景观的价值观存在差异。

一些客户将景观建筑师的工作列为低优先级，这可能是由于他们对景观建筑师的工作和职责缺乏了解，也可能是我们所能取得的成果缺乏价值和肯定。本书旨在反驳这一观点，通过案例研究来说明景观建筑师工作的多样性和价值，例如景观设计如何应对恐怖袭击，帮助场地适应气候变化，以及转为更可持续、低碳的维护方式。我们还着眼于那些有助于提高设计品质的创新技术，如云点扫描和开放数据。

本书着眼于实现景观项目所需的工作细节。以英国皇家建筑师学会工作方案为框架，从景观建筑师、客户、项目团队、项目和更广泛的社会的角度探索工作的每个阶段。

本书探索景观建筑师的工作实践——新技术能否帮助我们更有效地工作，我们如何向客户展示自己的全部技能？它是一本指南，而不是一本参考书：它强调了应对专业挑战的新方法，希望能帮助景观建筑师对自己的工作实践得出新的结论，进而提高外部环境的设计和管理质量。

书中涉及讲座、播客、文章和书籍资料，以及个人采访和项目经验。参加过的活动也是我最大的灵感来源，无论内容来自演讲者还是活动后的对话，都证明了从项目工作中抽出时间来研究新想法和探索新发现所具有的价值。

为简单起见，本书的体系及使用的术语以多领域团队合作的私人项目为基础，但书中的设计实践过程同样适用于包括公共和慈善类项目在内的所有景观建筑项目。

我希望在有些方面你与我的意见相左，因为我希望这本书能引发讨论，鼓励我们质疑自己的工作方式。一定会有需要改进的地方，我们永远不要认为自己有所有问题的答案。

Chapter One

DEFINE

第1章 定 义

简介

在项目开始之前，在思考任何正式工作阶段之前，甚至在与潜在客户的第一次对话之前，关乎成败的决定就已经做出。有些事情是不受景观建筑师控制的，比如根据法规制定的标准。然而，指导我们工作的许多标准是由我们自己决定的——我们的价值观、我们的技能和我们的项目目标。这些标准可以帮助我们在从事的项目、合作的客户以及我们希望维护的价值观方面做出决策。

有些决定或标准可能是隐含的，只在我们被要求处理有争议的项目时才会被讨论。也许我们十分确信，自己永远不会参与那些与极端政党直接相关的项目。但我们能在多大程度上坚守底线——我们会与他们的支持者合作吗?我们会与为其捐赠竞选资金的供应商合作吗?我们会在为其提供资金的银行开设账户吗?公司可能不会公开他们所有的商业行为，所以我们需要决定我们自己的准则是什么，以及我们实际可以进行哪些调查。信用检查和其他尽职调查是在与新客户合作之前所必须做的工作之一，但我们应该检查他们的行为和忠诚度吗?

本章探讨了一些我们可能会使用到的标准和准则，以及指导方针，以帮助我们从项目一开始就做出最佳决策。

图1.0　从比肯山郊野公园俯瞰拉特克利夫电站，2017年摄于英国莱斯特郡伍德豪斯伊夫斯村

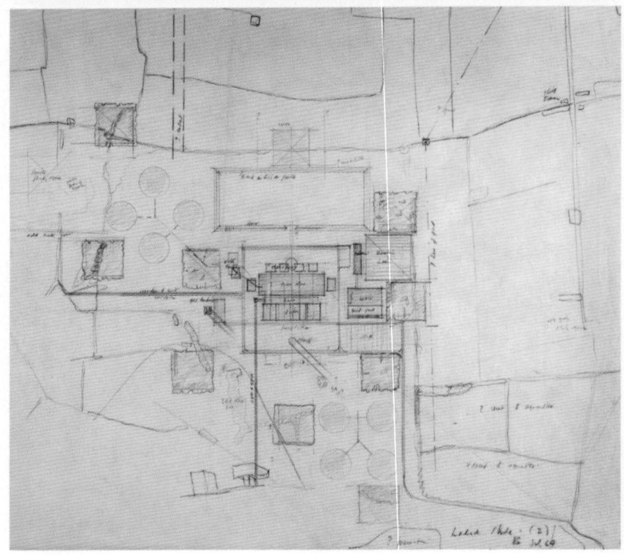

图1.1　2014年7月26日，南侧3幢建筑拆除前夜，景观建筑师们正在对景观产生深远影响的大型项目上工作；弗雷德里克·吉伯德，中央发电委员会，摄于1964年

图1.2　迪德科特A电站（Didcot A）景观研究；草图由弗雷德里克·吉伯德绘制，1964年摄于牛津郡萨顿考特尼

表1.1 此工作阶段的要素[1]

阶段0之前 战略定义
- 新项目启动前
阶段6——交付和结项 阶段7——使用
- 利用客户反馈以及从以往项目中吸取的经验教训，为未来的项目审查标准，完善流程

景观建筑师

我是什么样的景观建筑师？

你是否经常停下来思考自己是个什么样的景观建筑师？也许你在面对道德困境，比如面对一个有争议的项目或一个有挑战性的客户时质疑过自己的原则，但是你花了多少时间思考你的工作方法呢？

为什么这很重要？

了解我们自己的标准，并定义我们是什么样的景观建筑师，想要成为什么样的设计师，这很重要。因为这意味着我们知道自己准备承接什么项目，知道自己想如何工作，以及是否有我们想专攻的领域。对于与我们的信仰、标准和伦理相悖的项目，我们也许可以在短时间内负责。但从长远来看，在你并不支持的项目上工作至少是没有成就感的，这意味着我们缺乏热情、动力或创造力，或者不会把该项目作为优先处理的事项。在最坏的情况下，它可能会给我们的声誉、生计甚至健康带来风险。[2]

从表面上看，这与我们在项目中面临的紧迫问题相比并不算什么。然而，了解你自己的参数——愿意接受什么，不愿意接受什么——是重要的一步。在最基本的层面上，这意味着你不会从事与自己的信念不一致的项目，那种情况下很少有项目能够取得成功。随着职业生涯的发展，景观建筑师的工作内容很可能会发生变化，如果所处的环境发生变化，我们可能不得不彻底审视我们的方法。了解我们是哪种类型的景观建筑师，以及我们渴望成为哪种类型的设计师，是我们所有工作元素的核心，应该在任何项目开始时加以考虑。

在写这本书的时候，我询问过其他的景观建筑师，他们是否曾经拒绝过一些项目，或者是否有永远不会考虑合作的客户。有些景观建筑师表示，他们愿意参与任何项目，但如果是被强加的工作，就会产生一些他们自己从未考虑过的限制。另一些人则有他们不想从事的具体项目类型，比如新建住房项目。讨论这类问题是一件很有趣的事情。

图1.3　大西部公园住宅开发——一些专业人员选择不参与有多个开发商参与的在新开发地块上建造的新住宅项目，2019年摄于牛津郡迪德科特

对于独立的景观建筑师来说，情况可能更简单一些，因为只需要考虑自己的意见，但有更大的潜在后果。在大公司里，由于道德原因而拒绝个别项目产生的影响可能是最小的。然而，对于小公司来说，拒绝收入很高的工作可能是一个艰难的决定。

这是一个复杂的问题，即使是一个在原则上令我们满意的项目，也可能存在我们不满意的因素。考虑到我们工作的性质和可以参与的项目范畴，制定硬性的规则将是一个错误，因为每一个项目都需要根据具体情况进行判断。我们的专业行为规范可能会提供一些指导，但这些规范仍然给景观建筑师的工作留下了很大的空间。影响景观建筑师工作的因素有很多，对于大多数从事这一职业的人来说，做这样的限定是有益的。在一个你喜欢的领域工作意味着你可能给人留下可信的印象，能够使客户和外部团体支持自己的设计决策。为一个你不完全同意的项目举办公众咨询活动或在公众咨询中提供证据是一次很不舒服的经历。一个项目可能符合我们的行为准则，不存在道德问题，但是仍然可能与我们的预期不适配。作为专业人士，我们并不总能以自己中意的方式来交付项目，因为我们的任务是实现客户的愿望，这可能与我们自己的愿望并不一样。然而，从事与我们理想相去甚远的工作不太可能取得成功的结果。

定义自己的标准

我们如何开发自己的一套工作标准，如果我们想探索这个主题，有哪些指导方针可用?

通用标准

每个社会都有一套标准来定义什么是可接受的行为，重要的标准通常依照法律强制执行，不那么重要的标准则由社会规范决定。诸如立法之类的标准规定了可接受的最低标准，规定了对我们的最低期望。社会规范定义的标准不仅适用于个人行为，也适用于企业行为，各国的标准不同，甚至同一企业的不同部门之间也不尽相同，这取决于具体情况，好比正式的董事会会议与非正式的实地考察。一个值得探讨的有趣标准是《联合国全球契约》，它是《2030年可持续发展议程》[3]的一部分，得到161个国家9000多家公司的支持，包括人权、劳工标准、环境和反腐败等10项原则。

商业标准

我们需要遵守经营企业或管理组织的相关法律，但除此之外还有其他因素需要考虑，可能影响到员工表现、财务状况，以及任何项目后续进展。这些因素包括支付条件、利润率、财务风险、工资等级和雇用条件，涉及如零工合同、无薪加班或实习等问题。不理想的标准在现实中普遍存在。

施工行业标准

施工行业有许多可应用于景观建筑项目的公认标准，包括那些由景观建筑师制定的标准。标准大多以建筑施工为主，与景观相关的元素在标准中只占很小的一部分，但也有一些标准是为景观方案设计制定的，或重点针对景观工作。这些挑战包括以下内容。

生存建筑挑战｜这是一项针对建筑、基础设施或景观项目的标准。该标准于2006年制定，涉及伦理、社区和环境因素。该挑战设定的目标，包括要求在水、能源和生态再生方面取得净效益，它被描述为“一种富含哲学思维、用于认证和宣传的工具，让项目实现超越，实现真正的再生”。该标准并不以为大众市场提供认证为目的，相反，它旨在鼓励创新和提出倡导，为相关行业树立榜样，展示可能性。该标准不仅适用于建筑，也适用于景观及基础设施工程。[4]

可持续用地计划（SITES）｜为国家公园、街景和住宅等包括或不包括建筑的项目提供认证。重点倡导建设可持续发展的景观。该计划最初是与美国风景园林师协会（ASLA）合作建立的，现在由绿色建筑认证公司运营，该公司还管理美国LEED绿色建筑认证和WELL健康建筑标准的认证。与LEED一样，该标准拥有普通、银级、金级和白金级的认证。[5]

个人标准

我们的个人标准和信念从一开始就决定了我们将如何工作。反思那些影响我们工作的根深蒂固的态度是有益的。需要考虑的要点可能包括以下内容。

工作时长｜我们是否愿意为了完成项目而长时间工作？这个决定可能不受我们直接控制，我们也可能对特殊情况下延长工作时间有所准备，但我们需要（或者应该）为了完成工作而超时工作吗？芬兰职业健康研究所的研究表明，长时间工作可能会增加患心血管疾病、糖尿病和酗酒的风险[6]，睡眠缺乏会削弱我们读懂别人情绪的能力和做决定的能力[7]。它也会让我们有面临事故的风险——英国20%的交通事故、高达25%的致命事故和严重事故[8]都是由疲劳驾驶引起的。疲劳被认为是挑战者号航天飞机失事、切尔诺贝利和三哩岛核事故以及埃克森·瓦

尔迪兹号石油泄漏[9]的促成因素之一。有证据表明长时间工作，特别是持续的长时间工作很少会带来更高的生产率，反而会导致严重的危害。但在许多行业，长时间工作被视为对工作的投入和表达重视的标志。考虑到项目的个人成本应该是我们评估的一部分，那么潜在的损害是否应被视为合理的代价？

品行｜我们期望同事和客户如何表现？员工是否受到重视，是否提出了不合理的要求？恃强凌弱是否常见？骚扰是否被默许？旨在解决职场的骚扰问题已有立法，但这并没有改善支持欺凌或偏见行为的职场文化。

性别歧视，在招聘和提拔职员时是否存在？同样，许多国家有防止性别歧视的立法，但这个问题仍然存在。英国景观研究所2017年的一项调查显示，在高级职位中存在性别失衡，20.4%的男性受访者年收入超过5万英镑，而女性受访者中这一项的比例仅为9.4%。[10]这种差异背后的原因可能很复杂，但我们需要考虑歧视在女性景观建筑师获得高级管理职位的机会方面所产生的负面影响。

图1.4　佩罗自然与科学博物馆的可持续用地计划认可的景观方案——该项目建在一个棕土场地上，通过回收空调冷凝水来满足灌溉需求。景观设计：塔利联合事务所，2013年摄于得克萨斯州，达拉斯

工作场所文化｜景观设计实践可能不会跟随科技行业中个性工作场所的流行趋势，但作为专业创意人士，我们工作场所的文化氛围可以影响我们的创造力。影响工作场所创造力的主要因素不是在办公室有豆袋沙发或桌上足球，更多的是要通过模糊工作和休闲的界限[11]，让极端的工作时间变得可以忍受。对于我们的工作来说，更重要的因素是解决问题的自主权，设定现实而真实的截止日期，努力之后可以接受不成功的结果，这些也是创造过程的一部分。和我们的个人信念一样，我们在工作中的表现也取决于我们之前的经历，以及我们基于这些经历做出的判断。处理和审查这些个人因素超出了本书的范围。

消除建筑行业中的性别不平等

2016年12月，澳大利亚反性别歧视专员和新南威尔士大学公布了他们对建筑业性别不平等情况的研究结果。这项历经2年的调查工作，包括61次采访和对44名建筑专业人士的工作相关案例的调查，调查结果表明由于现实的工作情况，男性和女性的表现都很糟糕。在澳大利亚，建筑行业是男性占主导地位的行业，女性仅占劳动力的16%，在专业和管理职位中，女性仅占14%。该报告发现，随着对工作的接触，最初对建筑行业工作的热情会降低，导致女性离开该行业的速度比男性快39%。调查结果包括以下几点。

- 招聘与男性赞助人： 项目通常由男性赞助人进行招聘。这破坏了人才的多样性，并限制了女性进入该行业的机会
- 保留与排斥：建筑行业内的排斥问题在以微妙和公开的方式提醒女性要注意她们的性别和差异； 随着时间的推移，这些提醒会让女性感到沮丧和疲惫。 在建筑行业中，存在对性别歧视的容忍，这些容忍体现在对性别歧视行为的评论、对性别歧视案例的粗糙刻画上，体现在行业要求女性做行政工作的倾向上，也体现在那些误导女性认为她们正在闯入男性主导空间的做法上
- 进步与削弱女性的能力：作为一名专业的建筑行业从业者，男性被想当然地认为更具能力；女性的能力则经常受到质疑、挑剔或讨论。女人需要更好，而不是与男人平等。男性认为解决性别平等的行动为女性提供了不公平的优势

该报告建议采取几个步骤来帮助减少不平等行为并改善景观建筑行业的实践工作。

招聘

- 使公司、项目的招聘流程和标准更加透明
- 审查强调“文化契合”的相关价值观，以确定它们是否具有性别差异和排斥性
- 发起针对女性的非传统式的招聘活动，并为这些招聘人员提供行业培训

保留

- 对于女性来说，重要的是看到女性可以担任高级职位，并能与其他女性专业人士一起在施工现场工作
- 停止奖励和提倡超长工作时间，并停止“羞辱”那些不超长工作的员工
- 引入工作共享机制，规范工作时间，取消周末加班，监测员工疲劳程度。对此多进行谈论，并要强制执行
- 在工作场所（包括现场）展示对性别歧视行为的“不容忍”，包括有关性别歧视的图画、措辞、行为
- 支持落实育儿假。引入新生儿父母分阶段重返工作岗位制度
- 设立项目时要考虑到性别的多样性。工作计划要更具灵活性，要把相关福利和育儿假因素考虑进去

进步

- 使晋升过程和标准更加透明
- 理解、欢迎和提倡灵活多样的职业发展道路和职业中断计划
- 为女性中低层管理人员制定正式的赞助计划

第一位女性景观建筑师

范妮·罗洛·威尔金森(1855—1951年)被认为是第一位接受景观建筑师培训的女性，她于 1883 年从水晶宫园林园艺及实用园艺学院毕业。范妮作为大都会公共花园、大道和游乐场协会的名誉景观建筑师在伦敦设计了超过 75 个公共景观项目，同时她与凯尔协会合作，该组织旨在为穷人带来美好的生活。她的项目包括位于伦敦哈克尼的沃克斯豪尔公园和米亚特野外公园。1904年，她成为斯旺利园艺学院的第一位女校长，著名景观设计师西尔维娅·克罗和英国景观学院的第一位女校长布伦达·科尔文后来毕业于该学院。

范妮是妇女选举权运动的积极一员。“我当然不会像许多女性那样让自己的报酬过低。有些人写信给我，因为我是女人，认为我的要求会比男人少。我永远不会这样做。我了解我的专业能力并相应地收费，这是所有女性都应该做的。”

建筑行业中的心理健康

英国的心理健康统计数据，尤其是建筑行业的，令人震惊。统计数据显示，在英国，

- 45~49岁的男性自杀率最高
- 男性自杀的概率是女性自杀的3倍

行业详细信息显示:

- 低技能男性劳动者的自杀风险，尤其是那些从事建筑工作的劳动者，几乎是全国男性平均水平的3倍
- 对于从事技术行业的男性而言，从事建筑精加工行业的人员风险最高，特别是泥水匠、油漆工和装饰工的自杀风险是全国男性平均水平的2倍多[12 13]

有一些积极的迹象，英国男性自杀率处于30年来的最低水平。然而，工作基金会 2018 年的一份报告介绍了多种引发自杀的因素，例如在高风险环境中工作、低薪、工作不安全、长时间离家工作、建筑业“男子气概”形象舆论、长时间通勤导致的睡眠不足或缺乏锻炼，以及由例如滥用药物和酒精、不参与医疗服务等潜在促成因素引起的高风险医疗问题。然而，报告得出的结论是，这种自杀风险增加的原因尚不完全清楚。[14]

该报告重点介绍了多项举措，包括总部位于英国的名为“心中的伙伴”组织。该活动组织成立于2016年，在研究的推动下，致力于为雇主提供有关心理健康、心理疾病的支持和指导信息。该慈善机构与撒玛利亚协会、英格兰心理健康急救协会等组织合作。

该组织的主要目标：

- 提高对心理健康和心理疾病的认识和理解
- 帮助人们了解获得帮助的方式、时间和地点
- 通过在整个行业推广积极幸福的文化来打破沉默、终止耻辱

为开展心理健康急救培训，他们在www.matesinmind.org网站提供培训内容及资源，并在包括#GetConstructionTalking 在内的社交媒体上举办培训活动。

统计数据提出了一个更广泛的问题：我们行业内的工作实践具有严重且可能危及生命的影响。低利润率和紧迫的截止时间不仅意味着员工和分包商在财务上处于弱势，它们还对那些在条款和条件中没有发言权的人施加压力。

如果我们与一群人一起工作，他们的行为观念与我们的行为观念不一致，使我们的工作环境成为一个具有挑战性的地方，我们就不太可能做好工作。

国际景观建筑师联合会

于 1948 年由英国景观建筑师杰弗里·杰利科爵士在剑桥创立，是一个非营利性的国际景观设计师联合会（IFLA），其代表成员为 76 个国家协会，全球官方代表约为25000 名景观建筑师。

该联合会成立于联合国颁布《世界人权宣言》的同时期，是“争取更美好未来战后运动”的一部分。景观建筑师的工作被认为是重建战争破坏景观的核心。该联合会致力于促进景观建筑师的工作，并为各国决策者提供相关的信息，来应对水和粮食安全、气候变化、移民、住房、冲突和资源枯竭等方面面临的挑战。[15]

《IFLA欧洲》杂志制定了一套道德和职业行为准则，涵盖个人态度、职业能力、职业关系和环境几大方面内容，以附录形式全部收录在一期杂志中。[16]

景观设计标准

作为景观建筑师，在我们的工作中，除了我们应对客户负责之外，我们还应对许多方面负责。 我们需要考虑各种问题，例如对环境的影响、对我们工作感兴趣的人的需求。如果实施得当，我们的工作可能会持续为好几代人造福，因此重要的是我们不会被迫采取有潜在危及未来景观场地的行动。

国际比较

景观建筑师的标准可能不会因地区而异或因国家而异，我们应该为方法的多样性感到欢欣，但所有景观建筑师的工作都有共同点。

行为准则——概述

作为专业人士，我们可以假设了解我们的工作标准。我们的行业协会可能会要求我们签署行为准则作为入会的条件。这些准则，例如英国景观专业人士行为和实践标准守则，规定了有关景观建筑师财务行为和专业精神等方面的具体要求。[17]

英国行为准则

英国景观学会行为准则“希望学会成员在设计专业项目时要考虑到那些可能会合理使用或享受其设计成果的人的利益”。这可能包括客户、员工、投资者、供应商和公众，以及我们自己。我们需要考虑项目的用户，无论现在还是未来。有如此之多的潜在用户，决定谁是应该优先考虑的对象是非常困难的，而且在不同的利益之间可能会存在冲突。

行为准则并不能确保与更高的行为标准保持一致，但它们确实公开规定了客户对专业人士期望的最低标准。它们还有助于在投标工作时创造一个更公平的环境，如果所有景观建筑师都受到相同标准的约束，例如为相同水平的专业人员提供英国职业继续教育学分登记系统（CPD）并且禁止利益冲突，这样才会公平。

国际行为准则

每个行为准则的内容和范围因国家/地区而异，部分取决于最新版准则的编写时间，也与该国家/地区的行业侧重点相关。 例如：

- 美国景观建筑师协会要求会员遵守两套标准——涵盖工作实践的职业道德准则和单独的环境道德准则[18][19]
- 澳大利亚景观建筑师协会禁止在专业费用之外收取任何佣金或获取其他收益[20]
- 瑞典建筑师协会（Sveriges Arkitekter）是一家管理瑞典建筑师、室内设计师、景观建筑师和空间规划师的专业机构，它指示会员“尊重同事，促进工作场所的开放和创新氛围，并承诺采用民主方法”[21]
- 爱尔兰景观研究所（The Institiúd Tírdhreacha na

hÉireann）制定了一项条款，指出“成员应努力以最有效的方式减少消耗自然和人造资源来实现其工作目标，包括最大限度地减少能源使用、浪费和污染”[22]

行为准则和立法可能是职业标准的基础，但它们仍然仅是对专业人员的绝对最低要求，为我们自己的职业价值观留有余地。虽然减少公司税单、支付低工资或使用零工合同都是合法的，但应被认为是不道德的。作为专业人士，工作要求我们制定自己的一套标准，这些标准会根据环境而改变和调整，并且以个人情况而定。

表 1.2　需要考虑的问题

景观建筑工作中的伦理道德
我们在工作中可能遇到的一些问题如下所示：

现代奴隶制、强迫劳动	受贿与腐败	不公平的投标	付款条件	有毒材料	资金来源
可行性和排斥性	公共、私人空间	多样性	工作时长	利润率	栖息地物种丧失
童工	薪级表	封闭式社区	误导性营销	人权	工作场所的无礼行为
歧视	环境责任	受保护景观的开发	专业机构的会员资格	培养年轻人才及成本	液压开采

客户

我们正在讨论的阶段没有特定的客户，但我们可以设想可能与之合作的客户类型，这在发掘新的工作时特别有用。我们可能只与有良好经济条件的客户合作，或通过个人推荐来找我们的客户合作。我们也可以根据客户的标准和价值观来做决定，也许会拒绝那些名声不好、可能会影响到我们自己的客户，或者在某些条款上不能达成一致的客户。

何为好客户？

勒·柯布西耶说："要完成好的设计，你需要一个好的客户。"除了签订合同、按时支付发票这些基本因素外，优秀客户还具有其他的典型特征。

无论何时，都不该随便进行概括，但一个好的客户通常如下：

- 看重他们任命的专业人员的技能，认为每个职业都平等重要并尊重专业知识
- 认识到为建议和专业知识付费可能会增加设计阶段的成本，但减少了施工期间发生变更或延误的风险
- 了解景观是动态的，会随着时间的推移而变化和发展，它们可能会在完工后的数百年里，呈现出最好的样子
- 认识到景观设计会受到无法控制的自然过程的影响，如植物生长缓慢、降雨量少或植物生病等情况
- 在设计过程有参与，不怕询问设计决策背后的原理
- 能进行有效沟通，在问题出现时能提出并给出明确、及时的解决方案
- 制定报告并执行明确的指示和报告，明确项目有关的人员的角色
- 认同合同条款，无论任命景观顾问的正式合同，还是项目的定制条款等。在没有达成解决问题共识的情况下，在项目运行中且无过错发生时终止工作，被认为是草率的
- 提供与场地相关的所有信息。在英国，法律要求客户披露所有与健康和安全有关的信息，如场地污染情况[23]
- 按时支付——一个营利的企业可能会因为现金流不足而倒闭。适当的付款条件并设置逾期付款的解决办法可能会有所帮助，但选择始终按时付款的客户是应对糟糕现金流的保障。2016年3月发布的《裕利安宜季度逾期付款报告》显示，建筑公司的逾期付款比其他任何行业都多，2015年同比增长26% [24]

一些客户，尤其是那些经验有限的客户，可能需要我们的帮助才能成为好客户。

卡里永建筑和服务公司120天的付款期限是公平标准吗?

当英国建筑和服务公司卡里永于2018年1月15日倒闭时，数千个工作岗位面临风险，数亿英镑的合同未完成。[25]2017年春季，该公司已与专业服务公司毕马威(KPMG)签约成为持续经营企业，但在倒闭时，该公司仅持有2900万英镑的现金和至少50亿英镑的债务。这种不平衡是由其对30,000家供应商采取的延期付款策略造成的。2013年3月，该公司实施了一项提前付款模式，要求供应商接受120天的付款期限。[26]由于一些公共项目预先部分支付了可观的款项，卡里永可以使用这笔新收入去偿还现有债务，但该过程依赖于必须继续签订新合同。

英国政府规定合同中的付款期限为30天，但卡里永设置的复杂的提前付款方案允许120天的付款模式，前提是供应商可以接受付款金额的浮动，这种浮动比例取决于他们想多早收到付款。[27]

卡里永是即时付款法规的签署方，该法规要求签署方承诺在最长期限以内向供应商付款，并避免任何会对供应链产生不利影响的做法。[28]

卡里永的付款模式是一种供应链融资形式，由银行预支费用。虽然完全合法，而且在当时是政府认可的做法，但这种做法给供应商带来了风险，证明了不平等的供应链关系会造成权力的不均衡。这笔付款实际上是银行与供应商之间的无抵押贷款，因此当卡里永倒闭时，银行会去找供应商讨回这笔钱。[29]

根据英国政府特别委员会对其破产情况的调查:

“卡里永通过签订合同依赖其供应商提供材料、服务和支持，但对他们嗤之以鼻。延迟付款、拖延开发票时长以及超期延迟报告回复是他们的办公行事作风。卡里永是由政府制定的即时付款法规的签署方，但其标准付款期限是非同寻常的120天。供应商可以在45天内获得报酬，但必须因此削减利益。这种模式使卡里永获得了信贷额度，它系统地通过使用额度来支撑其脆弱的资产负债表，却不关心其供应商的资产负债表。[30]

由于公司面临倒闭，卡里永提议将付款期限延长至126天，名义上称为让未获利的“现金创造机会”。[31]

在公司倒闭后的几个月里，人们发现了更多问题。牛津郡议会监管教育和交通事务，其对卡里永的报告中显示卡里永存在缺少健康和安全手册、建筑控制认证问题、待解决的规划问题和不令人满意的防火策略问题。[32]正如《建筑新闻》在其倒闭10个月后做出的评论那样:

“审计提出了一个问题：如果委员会没有强制调查其主要的服务提供商之一，这些问题是否会被发现？还有多少被隐藏的角落、还有多少其责任人希望永远不会被发现的问题，才刚刚被发现?让这些问题浮出水面，施工中才不会出现本不应该出现的悲剧性错误。”[33]

项目

我们可能对项目有一种本能的反应，知道哪些潜在项目太小而不能营利，或者太耗时而不能满足我们现有的工作量。与其他决定一样，极端的情况很容易评估，但更难做出判断的是位于两个极端之间的项目。

通过一些项目参数和选定一套标准来选择项目，有助于排除不合适的项目，并决定你在景观设计领域的发展重心。

一些需要考虑的标准包括如下几个方面。

价值｜你的工作方案带来的最低价值是多少？那么最高价值呢？高价值方案并不总是复杂的，高价值即使对较小的项目来说也不应该是一种威慑。然而，更高的合同价值将需要更高的保险。了解建立一个新项目的成本有助于计算最高和最低的合同价值。当然也有例外，比如政府主导的小项目。在决定接受公益项目之前，必须充分了解潜在的影响。

地理位置｜对于一个项目来说，设计人员到达那里实际需要花费多少时间？一个项目可能是个很好的机会，但如果它涉及过远的路程，可能很难管理，并会对你的个人生活产生负面影响。对员工来说可接受的要求是怎样的？这个地点会使会议开始时间变得不现实吗？工作人员参观现场是安全的吗？你会为了一个人道主义项目在当地政府认为危险的地区工作吗？景观特征或视觉影响评估等工作有时需要大量驾车时间，特别是在景观中道路很少的情况下，而我们的工作性质通常意味着没有公共交通工具可供选择。地点和时间可能意味着项目不可行——有限的日照时间和偏远的地点可能意味着一项工作需要额外的住宿费用，如果是夏天就可能在一天内完成。

专业知识｜我们拥有哪个领域的专业知识？我们是否有需要关注的专业领域，比如栖息地重建或住房，或者我们的专业领域是否存在需要解决的空白？有哪些类型的项目我们总是会参考其他景观建筑师？

声誉｜这个项目将如何影响我们的专业声誉？某种类型的项目是否会因为其项目类型而阻碍一些潜在的未来客户，或者在相反的情况下，是否会为提高我们的声誉提供机会，提高我们的知名度或提高我们在特定领域的技能？

工作阶段｜什么是我们准备加入一个项目的最晚节点？受邀制定规划条件时加入能够对一个项目产生的影响力十分有限，但这可能是一个与新客户合作的机会：待对方了解我们工作的价值，他们可能在项目的早期阶段就指定我们为景观建筑师。我认为景观建筑师的任命再早都不为过。

英国德比郡，霍普谷水泥厂

选择项目，尤其是涉及场地位于国家公园等受保护的景观中的项目，可能会陷入道德困境。霍普谷水泥厂是皮克区国家公园中心的一个主要工业基地，至今仍在运营。20世纪40年代，景观建筑师杰弗里·杰利科爵士曾在此开展工作。在如此敏感的景观环境中设计如此具有视觉干扰性的方案似乎是一个不寻常的做法，但矿产资源往往在受保护的景观中被发现，这意味着景观的影响必须与国家对资源的需求相平衡——战后重建对建筑材料产生了巨大需求。

该工程当时被称为厄尔水泥厂项目，于1949年在英国议会进行了讨论，议会同意对该地点进行大规模扩建，并更广泛地讨论了矿物开采问题和被拟定的国家公园在此工程实施中所扮演的角色。

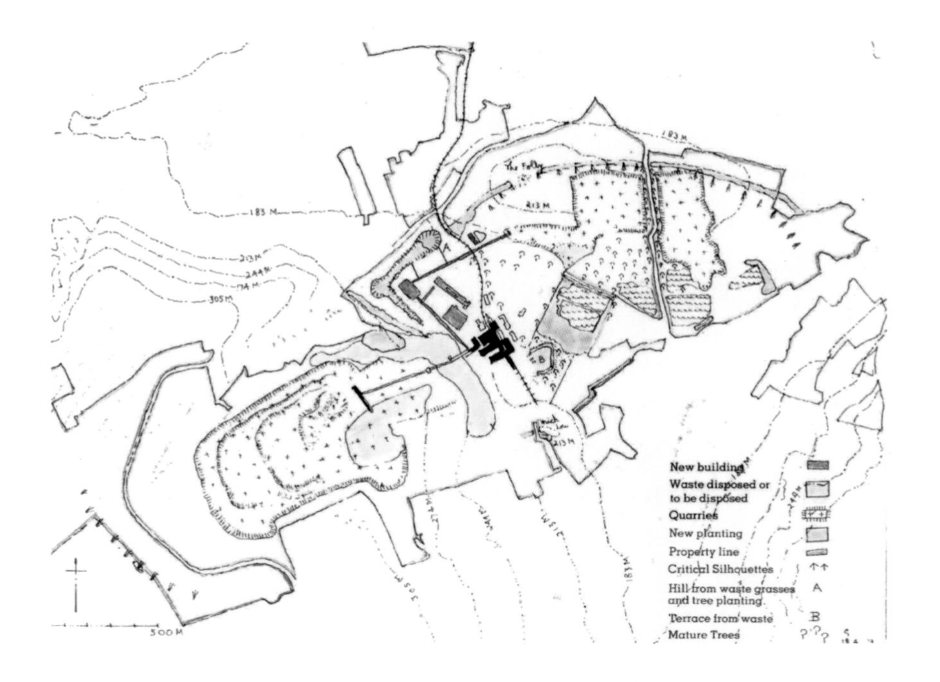

尽管存在针对工程的视觉和物理影响的反对意见，杰利科还是受到了国会议员休·莫尔森的赞扬，他是高皮克选区的议员。有趣的是，他被称为“景观艺术家”。

“我想到的第一个例子是，在经过公众调查后，他批准对霍普谷现有的水泥厂进行大规模扩建。我完全赞赏那些对正在进行的工作有利的言论。我知道厄尔水泥厂对设施的便利性并非漠不关心。他们很久以前就聘用了杰利科先生——最著名的景观建筑师之一，看看能进行哪些补偿，掩盖霍普谷已经遭受的创伤以及工业发展对那些设施造成的损害。我很高兴能在霍普谷举办展览，通过一张小设计图展示由杰利科先生构思、厄尔水泥厂负责实施的设计。”[34]

图1.5 现有景观平面图摘自1979年《德比郡霍普谷水泥厂——景观规划进展报告》；由杰弗里·杰利科为蓝圈工业制作，1993年摄于德比郡卡斯尔顿皮克区国家公园

在战略阶段参与项目意味着在做出不可逆转的决定之前，可以对视觉影响、结构种植、通道布局和任何配套基础设施选择加以考虑。我们工作的阶段和潜在影响将在第3章和第4章中进行介绍。

制定指导方针，限定何种类型的项目和工作方式是可接受的，甚至只是花时间考虑我们接受或不接受项目都可以帮助我们保持工作方法的一致性，防止我们接受与自身价值观不一致的工作。我们可能不得不权衡复杂和看似矛盾的问题，我们的反应可能会根据环境而改变，理解这一点是一个专业景观建筑师的核心技能。

项目团队

许多项目会组建一个定制团队，而这个团队的组成可能不受我们的控制。但是，我们可以对组建合适的项目团队所需的其他专业人员，向客户提供建议。了解每个职业的工作范围，包括我们自己工作范围之外的内容，是很重要的。英国景观协会行为准则禁止景观建筑师虚假描述自己的业务技能水平，专业损失赔偿保险可能不会对我们正常的专业领域以外的工作负责。

与同一个团队一起工作会越来越适合未来的工作趋势，特别是如果这个团队已经在以前的项目中取得了成功。然而，与一个成熟的团队合作可能会导致自满，阻碍创新。如果团队新成员被排除在外，还会使新的实践难以为继或较年轻的员工难以获得经验。

由具有相似价值观的人组成的项目团队，例如可接受的工作时间或响应电子邮件的时间相类似，很少发生冲突。然而，研究表明，一个没有冲突的团队可能会导致创造性成果的减少，这意味着问题得不到解决。与我们有着共同价值观的同事一起工作，可以尽可能降低设计对环境带来的影响，或将项目的社会价值最大化，同样可以获得更多回报。

项目团队中有哪些人？

参与多样的实践项目意味着我们可以与其他专业人士进行广泛的合作。我们经常与生态学家、树木培植专家和考古学家合作，在设计阶段开始之前对场地进行评估，合作设计减少环境污染，并在施工期间对场地进行监测。

在设计过程中，我们可能会与各种专业人员合作，从地质技术专家到机械和工程顾问。很难向客户解释为什么我们需要与整个项目团队合作，特别是如果他们将我们的工作视为外围项目，而不是整个项目的组成部分。然而，我们需要了解所有规划的活动，在建设和使用过程中，一切都可能与我们的景观方案相互影响。地下设施的位置，通风口、管道的放置，架空输电线路的安全架设，都是我们在设计中需要考虑的因素。我们还需要知道所有需要研究的参数——例如，靠近风力涡轮机的树木高度限值，或者从树根到管道、结构或表面之间的风险参数。

项目团队可能会误解，认为景观设计工作涉及的内容有限，因此往往只向景观建筑师提供有限的主题信息。这是错误的，因为我们需要了解包括规划及维护在内的整个项目，才能做出成功的设计。

我们可能合作的学科和部门包括：通道、声学、空气质量、考古、建筑、建筑信息模型、土木工程（包括结构、岩土、运输及环境工程）、污染、造价咨询、生态学、环境、设施管理、消防工程、健康与安全、室内设计、照明、规划、土壤、安保、测量、运输和交通。

社会影响

正如英国景观协会行为准则所指出的，除了对客户负有责任外，景观建筑师也对那些可能使用或享用设计成果的人负有责任。如前所述，这包括未来的用户。

工作中的一个有趣的参考是威尔士政府提出的2015年威尔士福祉法案。它是世界上第一个将可持续发展写入法律的立法，它迫使列入该法案的公共机构考虑其工作的长期影响。该立法涉及的议题包括气候变化、贫困和健康不平等，并强调了防止问题的发生或恶化。[35]

图1.6　雪中“不可思议的可食植物”种植床——一个在城市环境中种植食物的小规模社区项目；2018年，牛津郡迪德科特，迪德科特可持续发展部管理

图1.7　行道树可以减少空气污染——斯德哥尔摩沙滩路的城市树木，摄于2006年

我们的工作可能产生广泛的影响，这就要求我们考虑诸如以下几个方面。

适应气候变化｜在项目中封存碳，选择能够承受持续气候变化的植物，如降雨量较小或夏季温度较高等气候变化。

粮食生产｜将农业用地的使用最大化，并找到方法兼顾符合城市结构并实用、有效率的粮食生产方法。

空气质量｜植被，尤其是树木，可以帮助消除大气中的污染，过滤对健康造成主要威胁的微粒。需要谨慎地选择品种，以使效果最大化，浓密的树冠以及小巧或多毛的树叶能够提供较好的效果。

恐怖主义和安保｜与建筑结合，防止车辆攻击；设计布局方便监控，阻止反社会行为。

我们的工作可能没有得到公众的广泛认可，但我们的许多项目影响着他们的生活，他们应该是我们决策的核心。

选择忽略一个问题本身就是一种决定——没有观点并不会让这个问题消失，也不会降低它对你的工作产生影响的风险。回避一个问题可能会导致名誉受损，或者以你的名义做出不可接受的行为。

森林管理委员会®

20世纪90年代初，一些木材使用者、贸易商以及环境和人权组织的代表在加州举行会议。出于对森林砍伐、环境退化和社会排斥的担忧，该组织明确指出以可靠监管方式负责任地管理和采购木材产品是必要的。

两年后，在1992年的联合国环境与发展会议——地球峰会上，一同起草了“21世纪行动计划”与不具法律约束力的“森林原则”，进而一个全球范围的认证系统由此建立。森林管理委员会®（FSC）于1994年2月成为一个法律实体。

FSC制定和管理的标准影响广泛，涵盖所有木材产品。2007年，《哈利波特与死亡圣器》使用FSC认证的纸张印刷——这是FSC最大的纸张订单，价值2000万美元。[36]

尽管进展速度令人惊讶，但仍有工作要做。虽然由FSC认证的产品在英国建筑行业很常见，但在2017年，世界上只有17%的经济林获得了FSC认证。[37]

我们可以根据情况做出不同的决定——经济衰退时期，我们可能会接受在经济状况更好的情况下原本会拒绝的付款条件，但制定专业标准的核心是采用我们可以对自己和客户做出解释的标准，而且无论情况如何，我们永远不会违反这些标准。标准会随着时间的推移而改变。

我们按照既定标准工作的动机可能是利他的，把别人的需求放在自己的需求之前。我们的动机也可以更加务实——不违反法律、支付账单或保持良好的声誉。我们不能只考虑委托我们的个人和组织的利益——景观建筑师的工作通常能够产生长期的影响，我们的工作可能比周围任何建筑或基础设施的寿命更长。

我们可以决定我们合作的对象、我们将承担的工作类型、我们将采取的工作方式，以及我们为了确保项目成功能够接受妥协。即使没有正式的标准，我们也会对项目价值有一个整体概念。

1.1 Case Study

THE LIVING BUILDING CHALLENGE

1.1 案例研究

生命建筑挑战

图1.1.0　菲普斯可持续景观中心入口前的雨水花园生机勃勃；安德罗波贡协会为菲普斯音乐学院和植物园进行的景观设计，2012年摄于匹兹堡

图1.1.1　菲普斯可持续景观中心的本地植被。该项目于2015年获得“生命建筑挑战”认证；安德罗波贡协会为菲普斯音乐学院和植物园进行的景观设计，2012年摄于匹兹堡

“生命建筑挑战”是“世界上最严格的建筑性能标准”。[38] 该挑战赛由国际生活未来研究所（International Living Future Institute）于2006年创立并举办，目前已进行到4.0版本，侧重于恢复性标准。这意味着项目的贡献必须大于其消耗，并产生净的积极影响。

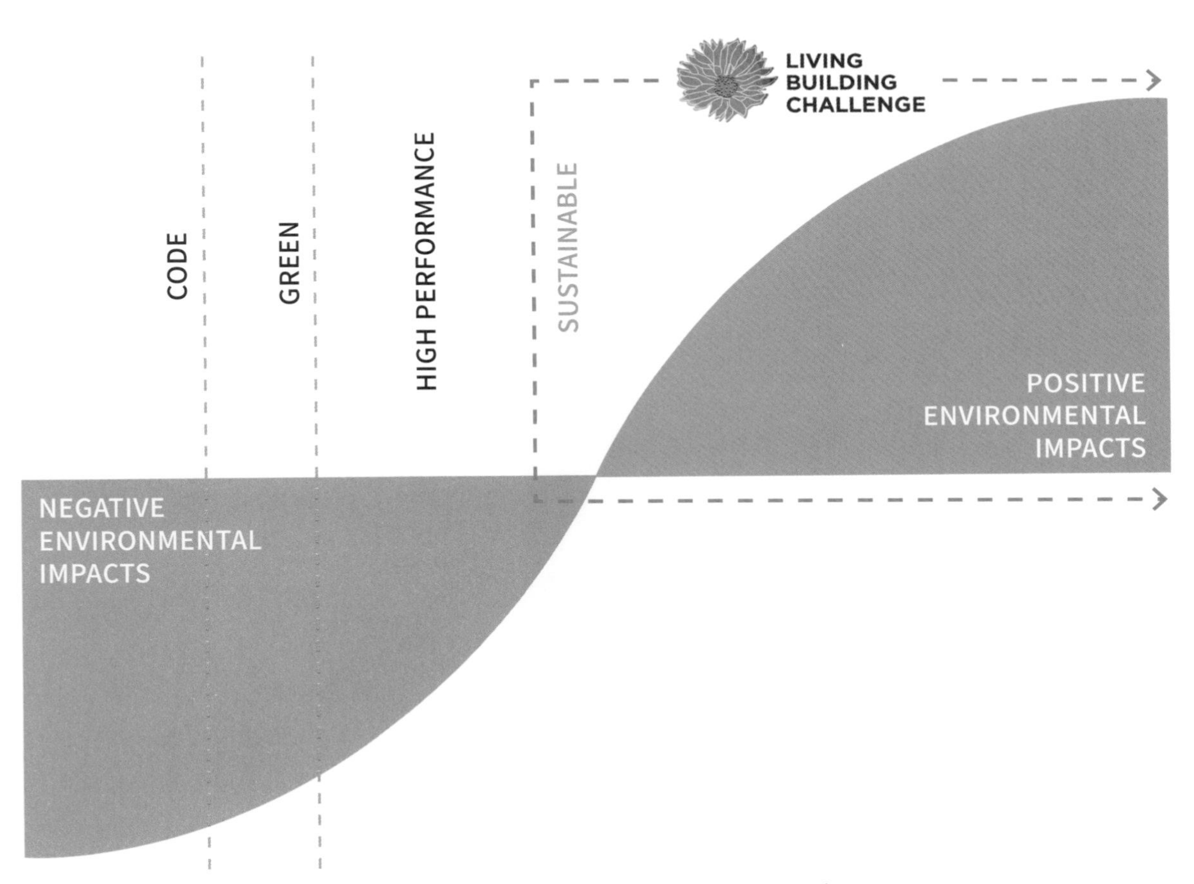

图1.1.2　生命建筑挑战要求项目具有积极的再生环境影响，生命建筑挑战4.0，2019年4月

图1.1.3 生命建筑挑战标志

参选项目必须运行一年，然后才能进行审查以获得认证，确保预测绩效与实际绩效之间没有差距。项目必须证明，它们可以用可再生资源（不包括任何可燃资源）为场地提供105%的能源，并且使用的所有水都在场地收集。

景观建筑师对这一挑战感兴趣，因为景观和基础设施项目以及新建筑、现有建筑和室内装饰符合4种类型的要求。景观和基础设施类型包括公园、道路、桥梁和广场。

挑战不是通过检查表来获得分数，而是要求一个项目满足多达20个不同要求的标准，其中14个要求是针对景观和基础设施项目的。要求被分为几个主题，被称为“花瓣”，与生命建筑挑战的哲学相联系，即项目应该“像一朵花一样优雅而高效”。项目必须满足所有相关的要求，才能获得生命建筑挑战认证，但如果他们只想专注于其中一个主题领域，也可以得到花瓣认证。

根据DPZ公司设计的新城市横断面模型，每个项目的要求都会根据具体位置进行调整。该模型模仿了生态横断面的概念，但根据土地用途进行了分类，区分了从自然到城市核心的6种区域类型。

生命建筑挑战的6种区域类型包括：

L1自然栖息地保护区｜除非特殊情况，否则不得开发。

L2农村区域｜主要用于农业的土地，或小城镇或村庄的外围地区。

L3村庄或营地地带｜低密度混合用地。

L4一般城市地带｜低密度到中密度混合用途地。

L5城市中心地带｜中密度到高密度混合用途地。

L6城市核心地带｜高密度到非常高密度混合用地，如大城市或大都市。

该挑战鼓励地区从郊区转向更可持续的类型，而不是鼓励城市扩张，要么增加密度，要么转变为支持少量汽车使用的混合用途村庄，要么转变成用于粮食生产、居住或生态系统服务的农村地区。

图1.1.4　菲普斯可持续景观中心旁的潟湖收集雨水，有助于实现项目的净零水运行标准，同时为本地鱼类和两栖动物提供栖息地；安德罗波贡协会为菲普斯音乐学院和植物园进行的景观设计，2012年摄于匹兹堡

生命建筑挑战首先是一种哲学，然后才是一种倡导，最后是一种认证体系。参评项目应成为展示可能性的榜样，展示真正的可持续性，并致力于恢复场地生态。

一个有趣的要求是美——认识到人们对空间的享受，以及美本身是一种积极因素，这将生命建筑挑战与其他标准区分开来。这也是我支持生命建筑挑战并认为它与景观建筑直接相关的原因之一。创造美丽的空间——我们工作的核心原则之一被赋予与能源效率或用水同等的地位，这表明了生命建筑挑战对行业的重要性。

图1.1.5　菲普斯可持续景观中心的景观和中庭可供每年50万的游客使用；安德罗波贡协会为菲普斯音乐学院和植物园进行的景观设计，2012年摄于匹兹堡

图1.1.6　菲普斯可持续景观中心的潟湖收集雨水，木板路与蜿蜒曲折的原生植物群落相连；安德罗波贡协会为菲普斯音乐学院和植物园进行的景观设计，2017年摄于匹兹堡

图1.1.7　库尔登谷公园游客中心，已申请生命建筑挑战认证，库尔登谷公园信托2018年摄于兰开夏郡普雷斯顿班伯大桥

图1.1.8　库尔登谷公园游客中心，已申请生命建筑挑战认证，库尔登谷公园信托2018年摄于兰开夏郡普雷斯顿班伯大桥

表1.1.1　花瓣认证

花瓣认证	条件	景观+基础设施	意图
地点 **恢复自然、场地和社区之间的健康关系**	1场地生态	●	保护野生和具有生态重要性的场所，鼓励生态再生，增强社区和场所的功能
	2城市农业	●	将社区与本地种植的新鲜食品建立联系的机会整合
	3生态交换	●	随着越来越多的土地被人类利用，为其他物种进行土地保护
	4人类尺度的生活	●	有助于创建可步行的、面向行人的社区，减少化石燃料汽车的使用
水 **创建在给定地点和气候的水平衡范围内运行的开发项目**	5合理使用水资源	●	鼓励项目将水视为宝贵资源，尽量减少浪费和饮用水的使用，同时避免下游影响和污染的产生
	6合理用水	●	使项目用水、排放与场地及其周围的自然水流协调一致
能量 **依赖可再生资源**	7能源+碳减排	●	将能源视为宝贵资源，并将导致气候变化的能源相关碳排放降至最低
	8合理使用能源	●	促进无碳可再生能源的开发和使用，同时避免使用化石燃料，主要是避免导致全球气候变化的排放产生的负面影响
健康+幸福 **培养优化身心健康和福祉的环境**	9健康的室内设计	●	为项目居住者提供良好的室内空气质量和健康的室内环境
	10健康的室内条件	●	持续的优质室内空气和健康的室内环境
	11接近自然	●	为项目居住者提供直接接触自然的机会，并评估健康、幸福条件的重要性

花瓣认证	条件	景观+基础设施	意图
材料 使用对所有物种都安全的产品	12合理使用材料	●	为所有项目的透明度、可持续开采、当地工业支持度和废物转移设定基准
	13红色清单	●	促进无毒素和有害化学品的透明材料经济
	14负责任的采购	●	支持材料的可持续提取和产品的透明标签
	15合理采购	●	促进当地社区和企业的发展，同时将交通影响降至最低
	16净积极废物	●	将减少废物纳入项目的所有阶段，并鼓励对回收的“废物”材料进行富有想象力的再利用
公平 支持一个公正、公平的世界	17普遍使用权	▨	允许公平使用，并保护生命建筑项目的开发不产生任何负面影响
	18包容性	●	有助于为当地社区的人们创造稳定、安全和高薪的工作机会，并通过招聘、采购和劳动力发展实践支持当地多样化企业
美 颂扬人类精神的设计	19美+亲生物性	●	将团队和居住者与亲生物的好处联系起来，并将有意义的亲生物设计元素融入项目中
	20教育+激励	●	向居住者和公众提供有关项目运营和绩效的教学材料，以分享成功的解决方案并促进更广泛的积极影响

● 必需条件　　▨ 取决于范围的必需条件　　● 非必需条件

Chapter Two PLAN

第2章 规 划

概要

项目一旦启动，就需要准备一份概要，并做好工作计划。我们需要了解客户为什么开启这个项目。我们需要确保整个项目团队都清楚地理解项目目标。这听起来是一个显而易见的步骤，但如果项目的截止时间很紧，或者客户没有经验，这一阶段可能就被忽略了。这是一个错误——如果一开始就不讨论可行性、项目目标、预算、现有场地条件和可持续发展愿景等问题，客户的目标可能无法实现，项目团队可能是朝着不同的结果在努力。

我们将在本章查看需要整理的信息，需要问的问题，以及我们需要在项目开始时做出的决定，以便为项目成功奠定基础。

景观建筑师

理想情况下，景观建筑师应该在项目的早期阶段被任命，这样我们就可以根据项目概要开展工作，并辅助确定项目目标。但事实并非总是如此，我们可能在影响力有限或对设计演变过程理解不充分的阶段被任命。这样的情况令人沮丧，因为只有在对工作充分了解之后做出决定才会产生一个更好的景观方案。

在早期阶段建立良好的客户关系可以为整个项目奠定基调。如果客户不认为我们与他们处于平等地位，或者对我们的行业有不好的看法，那么就很难建立良好的工作关系。

这个项目值得投标吗?

投标项目所需的无报酬的前期工作量可能会有很大的差异，因此在决定提交标书或收费报价之前，有必要审查客户选择的采购方案。

准备投标所涉及的时间和费用必须由该项目或其他项目的费用来支付，而中标机会不大或投标过程漫长的项目可能不具备经济可行性。我们可能会出于利润以外的原因，比如为了提高知名度或进入一个新的行业，而做出投标某个项目的决定，但在做出决定时，我们必须清楚地了解所涉及的风险——“做慈善”不可避免地会让团队昙花一现。

记录投标花费的时间意味着可以将其作为一项业务成本进行监控。详细记录完成过往投标所花费的时间，为决定是否投标类似的项目提供了有用的参考。

图2.0　烧毁的磨坊，2014年摄于诺福克哈迪斯科

表2.1 此工作阶段的要素[1]

阶段0——策略决定	阶段1——准备与概要
- 场地选择 - 明确约束条件 - 评估景观及其特征，完成视觉影响评估 - 访问场地 - 明确商业案例要求 - 根据国家和地方规划政策对项目进行评估 - 明确最终用户/利益相关者，并对赠款来源进行审查 - 明确策略概要 - 协助编写策略概要 - 明确核心项目要求 - 商定服务范围 - 制定项目方案 - 确定项目团队 - 项目团队会议 - 设计团队会议 - 整理以往项目的反馈 - 明确场地边界 - 明确项目是否需要策略环境评估（SEA）和/或环境影响评估 - 进行景观特征评估，以告知基线 - 进行海景特征评估 - 确定景观和视觉限制 - 协调并进行策略环境评估输入 - 与合适的规划机构讨论项目 - 明确所有现有的绿色基础设施策略、政策或计划 - 为利益相关者的参与做准备 - 审查已发表的敏感性/容量研究 - 对项目计划进行评论 - 测试策略概要的稳健性 - 审查以往项目的反馈 - 明确对客户需求和潜在场地进行了策略可持续性审查，包括对现有设施、建筑构件或材料的再利用 - 策略概要的信息交流	- 景观评估——地形、树木调查、地质、考古、生态/栖息地、植被、水敏设计、景观背景 - 商定设计团队 - 协助制定初始项目概要，包括项目目标、质量目标、项目成果、可持续性愿望、项目预算和其他参数或限制 - 与项目团队一起制定初始项目简介，包括项目目标、质量目标、项目成果、可持续发展愿景、项目预算和其他参数或限制 - 项目团队会议 - 整理意见并协助研讨会制定初始项目概要 - 准备项目角色表和“合同树”，继续组建和任命项目团队成员 - 编制服务时间表，制定设计责任矩阵，包括与主设计师的信息交流 - 准备景观评估——地形、地质、考古、生态/栖息地、植被、水敏设计、景观背景 - 审查项目计划和可行性研究 - 准备风险评估 - 根据需要为项目执行计划的内容提供信息 - 准备交付策略 - 监控和审查项目团队的进度和绩效 - 商定服务时间表 - 同意设计责任矩阵 - 商定可持续性目标 - 同意环境要求 - 进行早期勘测和/或监测 - 评估法定要求 - 收集基线信息 - 场地废物管理计划 - 设计团队会议 - 最终设计概要 - 交换初始项目概要 - 编制大纲/性能规范 - 确认交付策略

我们想被怎样任命？

我们被任命的方式可以决定我们在项目团队中的影响力。复杂的分包顾问式委任在建筑行业很常见，但管理起来可能很麻烦，这意味着远离客户，可能需要依赖中介机构提供的指示。当请求被逐级传递时，混乱的沟通线路也可能导致错误和时间延迟。项目团队内部的良好沟通，有助于跟踪决策，提供单一信息源，并确保所有相关人员了解所有未决问题的状态。

要考虑的因素包括：

- 谁是首席顾问？可以是景观建筑师吗？
- 我们会对客户有影响力吗？
- 我们是否与客户有直接的合同关系，或者我们是分包顾问吗？
- 我们的成功或客户对我们取得成功的看法是否取决于其他人的表现？

- 如果项目团队通过电子邮件共享文件，则可以有许多沟通途径
- 数据仅对电子邮件中的相关人可见
- 很难搜索或控制信息及文件的版本

- 如果项目团队通过公共数据环境共享信息，则只有一条通信路径
- 数据对所有相关方都是可见的。很容易搜索和控制信息及文件的版本

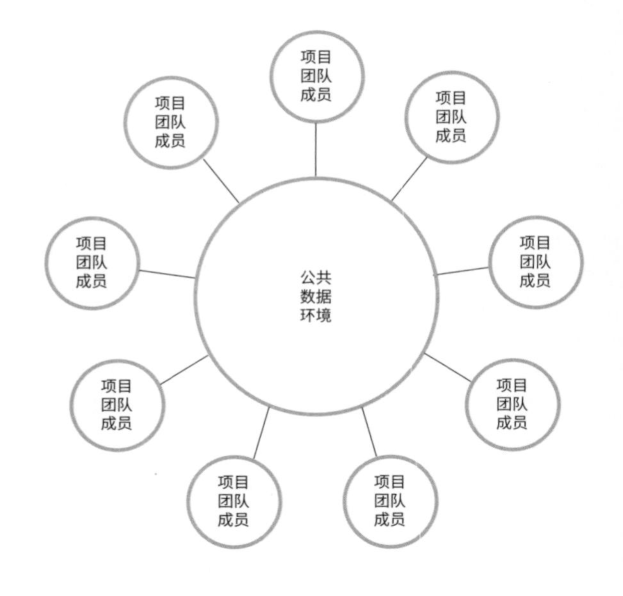

图2.1　BIM项目和传统项目中的通信路径比较

表2.2　任命方法

任命方式	积极面	消极面
直接任命	- 缩短采购周期 - 没有竞争	- 如果未编制招标文件，则可能无法明确项目目标或服务范围 - 需要客户知晓
依靠现有关系	- 你已经了解客户 - 缩短采购周期	- 如果不重新参与竞标，很难提高长期客户的费率 - 可以忽略项目特定简报的制作
通过竞争的框架协议	- 一旦被任命，几乎没有竞争对手 - 与客户建立长期关系	- 更长的采购周期 - 无工作保证 - 可能要在未来数年保持费率不变 - 保险费率等要求可能意味着只有大型机构才有资格投标
参与竞争性收费投标或财务投标	- 不需要被客户认识	- 由于投标人数不受限制，得到任命的机会较低
邀请竞争性招标	- 由于投标人数有限，得到任命的机会更大	- 需要被客户认识，才能有机会参与
表达兴趣，无须设计工作	- 易于完成，无须进行成本计算 - 不合适的投标者很快被排除在外	- 如果是两阶段流程的一部分，则采购流程更长
表达兴趣，随后进行设计竞赛	- 不合适的投标者很快被排除在外	- 可能涉及大量无薪工作
受邀参加设计竞赛	- 需要被客户认识	- 需要被客户认识，才能有机会参加
参与公开设计竞赛	- 不需要被客户认识 - 适用于工作记录有限的人 - 即使没有得到任命，也有很好的推销机会	- 任命机会小，尤其是在国际竞争中 - 可能涉及大量无薪工作
成为客户（如研究投标、投资项目）	- 无采购流程 - 可以设置自己的时间进度 - 可以决定工作重点，如个人兴趣领域	- 大部分风险来自景观建筑师

新的工作方式

“零工经济”的概念在过去几年中迅速发展，是指允许基于短期合同或按任务付费的自由职业的新工作方式。这种新工作方式依靠应用程序，类似出租汽车软件的更复杂的版本，根据注册工人的位置和可用性，将一份工作分配给适配的注册工人。这种工作方式的两个最著名的例子是优步Uber和外卖平台Deliveroo。我们可能会认为这种工作方法与我们自己的工作方法相去甚远，但其实也有相似之处——因为除非我们创建自己的项目，否则我们的工作就像出租车司机等待分配下一个订单一样：当我们无法接受新工作时，就要把“空车”灯关掉。

与优步司机不同，我们的预约过程远比点击手机接受工作要慢，但我们的客户确实需要知道我们的可用性、价格以及工作地点是否合适。迈克尔·莱瑟姆爵士在其1994年建筑业报告中预测的数字创新方式与用于管理独立工人的在线市场软件有相似之处，它们都允许与潜在客户进行实时联系。在线网站freelancer.com已经有专为景观设计设置的类别，提供景观设计任务的定期需求。媒体报道倾向于关注零工经济对低技能职业的影响，根据麦肯锡2018年的一份报告，知识密集型行业和创意职业是自由职业经济中增长最快的行业，欧洲和美国有多达1.62亿人从事某种形式的独立工作。[2]

这种工作方式存在严重问题，如就业权利不明确、工作性质不稳定以及分配过程中可能存在歧视。[3]然而，流程中的一些概念与我们的工作方式直接相关，并可能成为我们未来工作实践的一部分。为了实现预约环节的创新，我们可能需要对可用性或小时费率等问题更加开放。

通过在整个项目团队中更平等地分担项目风险和分享回报，或者改进协作形式，可以创建新的预约合作模式，但遗憾的是，我们的行业没有得到太多关注。更好的预约方法可以提高我们行业的质量或为客户提供更大的价值。有时，我们无法选择项目的任命方式，例如通过公共部门组织发布的信息获得任命，或通过法规规定的大型框架合同获得任命。无论我们选择了哪种方法，或别人替我们选择了何种方法，都需要确保我们了解潜在风险，并确保它们是可接受的。

景观顾问的任命

英国景观学会发布了一份标准的景观建筑师任命协议。1988年首次公布的《景观顾问任命书》规定了需要景观建筑师考虑的，包括付款在内的条款和条件。[4]

图2.2 格拉弗姆湖是一座人工水库，拥有宝贵的湿地栖息地，是1962年至1966年在剑桥郡格拉弗姆首批采用保护方法设计的水库之一。

赚钱

无论我们为自己和公司设立了什么标准，工作总归是工作，需要为我们提供收入，无论是直接通过客户付费，还是通过公共部门使用的内部付款系统等间接方式付费。设计专业人士可能会对营利的想法感到不自在，但不应该回避。营利意味着我们可以投资接下来的培训和获得技术，或者建立现金储备，以便应对经济衰退。非营利意味着我们仅能支付开销，或者是没有接到工作。通过降低成本和增加费用可以提高利润——使用BIM的一个潜在好处是缩短完成工作所需的时间，提高效率。

建筑业是所有行业中生产率较低的行业之一。[5]我们的行业在接受技术所能提供的创新和效率方面也进展缓慢——麦肯锡报告显示，在美国，只有狩猎和农业对数字创新的使用率比建筑业更低。[6]虽然使用先进的技术不能保证生产率的提高，但它被认为是能够创造最大收益的途径之一。我们应该继续努力提高效率，确保节省下来的部分资金留在我们手中，这其中创造的价值也会使客户收益。

良好的财务管理是赚钱的关键。和前面一样，这听起来很显而易见，但并不是每个公司都配备了财务系统，用于检查项目是否在预算范围内。英国的建筑行业向来以低利润率著称，一些时期整个行业的平均利润率甚至显示亏损。这是不可持续的，阻碍了行业的创新。英国佳利来（Carillion）公司的倒闭证明，拥有大量的项目经验并不能保证公司的成功。

景观建筑师还能提供什么？

让景观建筑师感觉挫败的一点可能是他们在项目团队中有限的活动范围。如果我们被提前任命并参与初始决策，可以解决部分问题，不过我们也可以向客户和项目团队解释我们的技能还可以在其他方面派上用场。并非所有客户都能意识到，他们的景观建筑师可以为方案增添更多内容，而不仅仅是遵守规划要求。景观建筑师的潜在工作范围可以包括如下几个方面。

碳汇/固碳｜努力保持场地现有土壤的健康，进行栽种物及其维护方式的设计，以最大限度地增加碳储存。与被忽视的土壤相比，健康的土壤可以储存更多的碳，并提供蓄水。[7]

可持续场地管理｜设计无灌溉方案，或者避免需要高能耗的维护技术（见第5章）。

无障碍设计｜确保场地能为所有用户服务（见第2章）。

提高财务可行性和利润率｜对设计提出创造性修改，以求商业效益最大化，如更多的住房或更多的岩石开采，同时不影响其他因素。

改善空气质量｜树木吸收臭氧和氮氧化物等空气污染物，并减少污染空气中可能损害健康的细颗粒物质。

草籽混合固碳

2005年，位于法国莱萨·勒德的顶级绿色育种研究站的团队开始了一项研究计划，研究受妥善照看的不同草籽品种的固碳价值差异。

美化草地，有时由于栖息地价值低而被称为“绿色沙漠”，确实提供了一些碳固存。据估计，英国草原下储存了20亿t二氧化碳。[8]草场区域提供长期碳储存，在草生长的同时主要将碳锁定在土壤中。然而，这一好处往往被草坪养护中的不利环境影响所抵消，如使用化石燃料驱动的割草机进行集中割草、施用化肥、使用除草剂和杀虫剂，以及同质化栖息地和灌溉需求产生的影响。

研究人员利用1m^2的地块，在相同条件下测试了草的不同种类和品种，发现不同草种在叶、根和土壤中储存和固存碳的能力存在显著差异。

一系列试验的结果令人印象深刻。田间试验区内的草种：

-固存的大气二氧化碳超过3倍

-减少了45%的剪草工作

-耐磨[9]

表土中的大气二氧化碳碳固存水平为每年每公顷13t，是落叶林地每年2t/hm^2 [10]的7倍多，相当于英国人均2年多一点呼出的二氧化碳量。[11]深生根混合物具有良好的抗旱性，减少了灌溉需求，同时起到了增加雨水渗透、减少地表水径流和改善可持续排水系统（SuDS）性能的作用。

割草的成本和时间的减少、燃料使用和排放的减少以及绿色废物量的减少导致对环境负面影响的减少，需要的维护也大大减少。英国顶级草籽进口商Rigby Taylor公司进一步开发了草籽混合物，目前在英国以Carbon4Grass™和碳草Carbon Grass™混合的形式进行销售。碳固存水平将取决于土壤类型和当地气候条件。

2019年7月，英国景观研究所发布气候变化和生物多样性紧急状态文件，确认了政府间气候变化专门委员会（IPCC）的调查结果，并支持英国政府到2050年将净碳排放量降至零的承诺。考虑到碳固存混合物和传统种子混合物之间的价格差异可以忽略不计，并且现有草地可以在使用影响最小的情况下进行播种，因此，审查我们指定的草地混合物可能是景观建筑师为减轻气候变化影响需要做的工作之一。

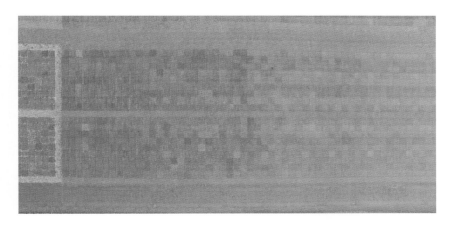

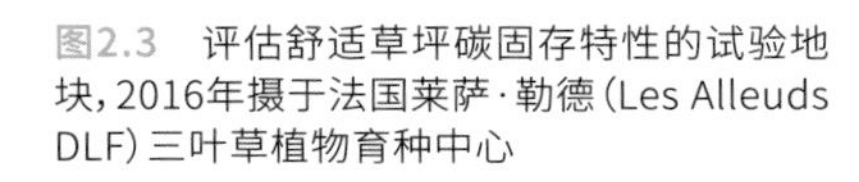

图2.3　评估舒适草坪碳固存特性的试验地块，2016年摄于法国莱萨·勒德（Les Alleuds DLF）三叶草植物育种中心

局部气候适应｜树冠、结构、水景和材料选择有助于降低炎热天气的气温，减少寒冷天气产生的影响。

即使在其他建筑设计专业中，也有一种观点认为，设计景观只是软景观，只是些绿色的、蓬松的东西。我们需要确保整个设计景观，从路缘到铺面，再到街道设施，都被视为我们工作范围的一部分，并且我们参与这些元素的设计。一个精心设计的景观几乎是不被人看见的，因为它不会打断我们的空间通道，而且看起来与环境保持一致。这可能就是我们的工作有时被忽视的原因——如果我们工作做得很好，没有人会注意到我们曾经在那里挥洒汗水。

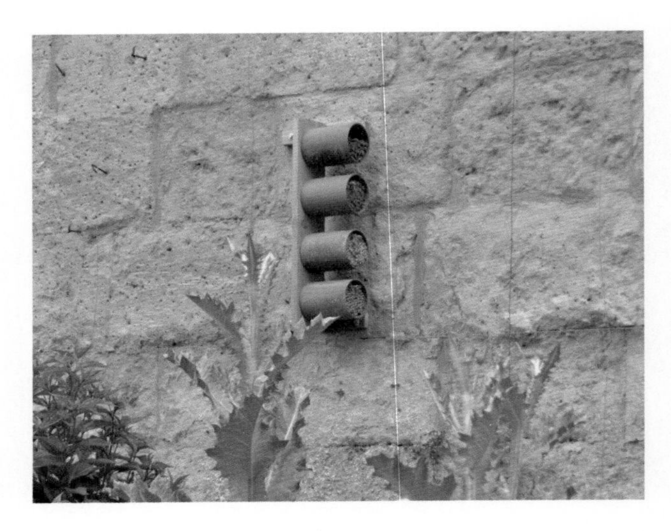

图2.4　黏土管制成的人工昆虫栖息地，2014年摄于牛津植物园

客户

正如我们在第1章中所认识到的，没有客户，我们就没有项目；没有项目，我们也就没有实践。了解潜在客户的期望和渴望是项目启动的重要内容。如果与所期望的目标不匹配，那么客户可能会失望，或者我们交付的成果比客户期望得多，但却没有收益。

客户——定义和问题

没有客户，我们就没有工作可做。项目是对他们需求的回应，我们的工作是定义这种需求，确定我们是否是解决这个问题的合适人选，如果是，就需要制定出一个解决方案。在某些情况下，客户的角色是明确的：发起项目、决定参数并支付账单的个人或组织就是客户。在其他情况下，情况可能不太明朗——公共公园的修复项目可能位于地方政府持有、慈善机构资助、公众使用的场地上。在项目开始时定义角色和责任，包括谁担任终极客户的角色，是定义项目的一个重要组成部分。本章稍后将探讨角色和职责的问题。

通过复杂的分包咨询安排，可能会出现一个委托我们开展工作并支付费用的直接客户或客户代理人，以及一个发起项目并做最终决定的终极客户。在项目开始时确定决策和变更的批准方式可以防止工作进展中出现混乱状况。从多个来源接受指令是一种令人沮丧且效率低下的工作方式。实际上，我们的客户可能是一群人，但需要在一开始就商定一个流程，确保决定是由那些完全了解项目情况和所有变更后果的人做出的。

定义我们与客户的关系是项目启动的重要组成部分。客户需要知道我们的工作方法和执行标准，我们也需要知道他们的。我们回复电子邮件的速度有多快？是否可以在工作时间以外联系我们？如何商定额外工作事宜？客户愿意在社交媒体上分享项目各个方面的信息吗？如何进行数据管理？考虑到客户对我们的大多数项目极为重要，对客户与设计师关系的研究其实非常有限。由英国政府和行业机构委托、迈克尔·莱瑟姆爵士于1994年7月发表的《拉瑟姆报告》（*Latham Report*）强调了这种关系的缺点，但对如何管理这种关系提出了作用有限的指导。[12]

无论客户是谁，他们都是项目的拥有人。项目不是我们的，也不是以牺牲客户意愿表达我们品位的机会。

设计必须发挥作用，符合所有相关法规的要求，展示良好的设计并符合设计目的，其他方面由客户在我们的指导下进行选择。对任何设计师来说，真正的考验是交付一个有景观功能但风格与客户想法不一致的方案。如果我们希望利用项目来促进自身的工作，或者我们担心项目会影响自己的声誉，那么做到个人风格与项目目标分离可能会很困难。这并非标准或道德的问题——客户并不是要求我们违反法律或做出不专业的行为，但如果客户的观点与我们自己的观点冲突，应对起来仍然会很不自在。

重要的是记住客户可能隐藏了他们从未表达过的需求，例如希望晋升或避免失去工作。对于我们来说，工作的实质就是改变，但对许多客户来说，重点是防止改变的发生。

变化会导致不确定性和情绪化——我们需要记住，对于我们来说，项目可能是用来实现职业追求的体验，但对于我们的客户来说，这可能是对他们正常工作的干扰。我们应使客户相信，我们已经正确理解了他们的需求，而且能够将这些想法转化为未来的交付成果。

客户想要的是什么？

我们的一部分职责是向客户解释所有相关问题，并努力制作出一份清晰的简报。明确客户与我们的理想合作状态也是我们的职责。这项内容在合同中已有部分规定，但也由我们自己的行为决定。我们无法预测客户与设计师的关系将如何发展，但在决定接受项目时，需要考虑几个因素。我们永远无法完全理解客户的所有需求，尤其是在他们自己可能还无法完全确定自己的想法时，这就需要我们在这一阶段尽可能多地获取有效信息。

仔细地提问，花时间了解客户的项目如何与日常工作配合，这有助于发现客户的一些需求。混合使用开放式和封闭式、漏斗式、探究式和引导式问题有助于尽可能多地揭示客户的需求，包括帮助他们开发和完善这些需求或考虑其他选项。

下图显示了评估潜在客户时要考虑的一些因素。

丰田创始人丰田喜一郎于20世纪30年代开发的“5个为什么”分析法是一种有用的技巧，确保我们完全了解问题，而不仅仅是“表面症状”。[13]这是一个看似简单的技巧，它用另一个“为什么？”跟进第一个问题的答案。5并不是一个固定的数字，在问题的根源被揭示之前，你可以一直问下去。

评估客户

潜在的不合适客户会展示出一些警告信号，其中可能包括不切实际的进度或预算要求，仅在第三方（如规划局）强制时才任命专业人员，或试图支付低于市场价格的费用。用好和坏定义客户过于简单化，现实情况很少如此明朗。事后来看，我们可能会发现具有某些特点的客户往往会产生更好的项目，但我们也需要审视自己的角色、沟通的方式，以及影响结果的方式。景观建筑师获得委托的方式可能会提供一些线索，但我们永远无法预测客户与景观建筑师之间的关系将如何发展。与我们的客户分享相似的价值观会有所助益，同样有可能为持有不同观点的客户实现成功的项目运营。

客户与建筑师的关系对伟大的兰斯洛特·布朗来说是一个挑战，对未来的设计师来说可能仍然是一个潜在的挑战。

表2.3　客户评估（以博伊德和钦伊欧的研究结果为基础）[14]

低风险 →	高风险
客户角色 是他们日常工作的核心	客户角色 是他们日常工作的补充
充分知情	不知情（天真） 或部分知情的客户
经常合作的客户	首次合作 或不经常合作的客户
得到其公司或组织 的充分支持	没有得到公司或组织 的充分支持
尽早任命项目团队	在设计过程后期 任命项目团队
现实的预算和时间表	不切实际的预算和时间表
支持项目	在违背个人观点的情况下 勉为其难地充当客户

图2.5　防洪方案——公共资助项目的商业案例，采用中央政府规定的方法完成；该计划于2008年由伦敦哈罗区和环境署资助

“布朗先生没能因额外工作而拿到钱，在狄更斯先生面前撕毁了账簿，并对他说了对那件事的看法。”

摘自《芬斯坦顿·汉茨（Fenstanton Hants）伟大的园艺师兰斯洛特·布朗的账簿》，[15]书中描述了1765年布朗与其客户萨福克州布兰奇市的安布罗斯·狄更斯就价值58英镑1先令 8便士的额外工作发生的纠纷。1764年，他的总收入为6000英镑，所以这是一个不可说不重要的金额。[16]

商业案例

在这个阶段，一部分工作内容是了解同类项目的商业案例——这是一个广义的术语，不仅适用于商业场所，而且与大多数景观方案有关。为什么客户现在决定继续推进这个项目？项目资金将如何获得？流程中的每个步骤都需要哪些批准？如果选择什么都不做，会有哪些影响？这些都是在明确的商业案例中应该回答的问题。

公共资助项目通常会根据一套标准进行评估，以证明其价值。这些标准可能是财务方面的（免于洪灾的房屋，减少对交通的影响），但也可能是社会方面的（改善健康和福祉）或环境方面的（提高空气质量或创造新的栖息地）。了解发起项目的初衷，以及哪些因素会影响决策有助于确保编写出准确的简报，进而交付符合客户要求的项目。

景观设计是一个过程

景观设计是一个持续的过程，而不是结果，我们的作用是帮助客户理解这一点。我们致力于改变一块土地的外观，并将这种改变持续下去。与其他建筑行业不同，我们的设计使用的是具有自然变异性且需要照顾才能生存的活材料。时间的流逝是景观方案的核心组成部分，随着树木和植物成熟，景观将发生变化，场地的最终概念也将实现。相比之下，建筑是静态的——它们可能会风化或老化，但在没有人为干预的情况下不会发生实质性的变化。

好的客户理解景观设计是一个需要他们支持的过程，并有耐心让其发展。只要有足够的经费，几乎可以瞬间造景，但即使是能买到最大的树，也比不上充分生长的树木。我们工作的一部分内容是解释景观发挥的四维作用，并探索如何在客户的需求与景观外观的长远性之间达到平衡。景观设计成果可能比相关的所有建筑、客户和设计团队都长寿。

客户的参与

客户很难在很长的时间内保持热情，因此我们的部分职责是让客户参与到流程之中，支持他们度过所有艰难的阶段。提前向客户提醒哪些工作阶段通常会出现问题，哪些阶段通常会进展缓慢，可能会有一定的效果。与客户讨论需要他们给项目留出多少时间，并商定一个实际的问询响应时间都很重要。项目的性质将决定客户的参与程度，以及客户对设计的感兴趣程度。如果客户的参与度有限或与客户长期无法取得联系，则需要在项目简报和项目进度中予以确认。

理想的客户应对其景观设计细节感兴趣，愿意长期维护场地，热衷于探索新想法，参与度高，这样的客户是值得重视的。

预算

让客户透露他们的预算可能很困难——一些客户似乎觉得，如果他们透露预算，项目可能不会物有所值。另一些客户可能会说，他们不知道自己的预算，但即使在项目的早期阶段，即使价格区间很大，他们也会知道自己对项目的最大投入。我们需要尽早了解预算，哪怕只是大致的预算也好，以便能够将费用与工作相对应。也许在我们构想一个对大众来说采用高品质材料的新设计时，客户想要的只是一个更偏基础的设计。

如果预算不足以满足客户的愿望，则需要立即解决。多数客户的愿望与预算不匹配。可以与客户共同调整项目范围以降低成本，或说服他们对景观方案增加投资。继续使用不切实际的预算肯定会导致项目结果不成功。

图2.6清楚地说明了建筑业投资预算的趋势，建筑行业的设计者通常会先让客户相信他们的预算是充足的，然后期望他们能够弥补估算与实际之间的差距。在2018年的演讲中，马克·法默（Mark Farmer）讨论了他在2016年发表的报告，“要么现代化，要么死亡！——是时候决定行业的未来了”。马克表示，在经济衰退时期，预期与实际成本的差异在增加，这表明人们刻意低估成本以赢得工作。[17]

正如马克的报告所表明的，造成这种差异的还有其他因素，例如客户在项目后期改变要求，或者由于缺乏内容明确的简报，但乐观（也可能是愤世嫉俗）的估计也必须被认定为造成这种不匹配的部分原因。

项目

在这个阶段，我们掌握的唯一的项目细节是我们帮助客户明确特定的需求，以及解决该需求的基本方式。如果客户让项目团队参与可行性评估，那么或多或少还可以了解一些备选的解决方式。预算可能会就项目范围或规模给出一些提示，但仍有许多参数需要明确。

要为项目制作出一个好的简报，我们需要确切了解谁在项目中拥有决定权。谁在乎场地的选择？无论是在方案已完成还是施工进行期间，谁将受到工程的影响？即使是景观价值明显较低的项目，对某些人来说也可能很重要，尤其是与家庭记忆相关的地点。我们需要小心，不要轻视任何项目。对我们来说，它可能是一个急需重新设计的未使用的场地，但对其他人来说，它可以是他们和家人一起喂鸭子的地方，也可以是他们小时候参观过的地方。它可能是附近地区唯一可供人们使用的绿地，也可能是出不了门的人的宝贵景观。

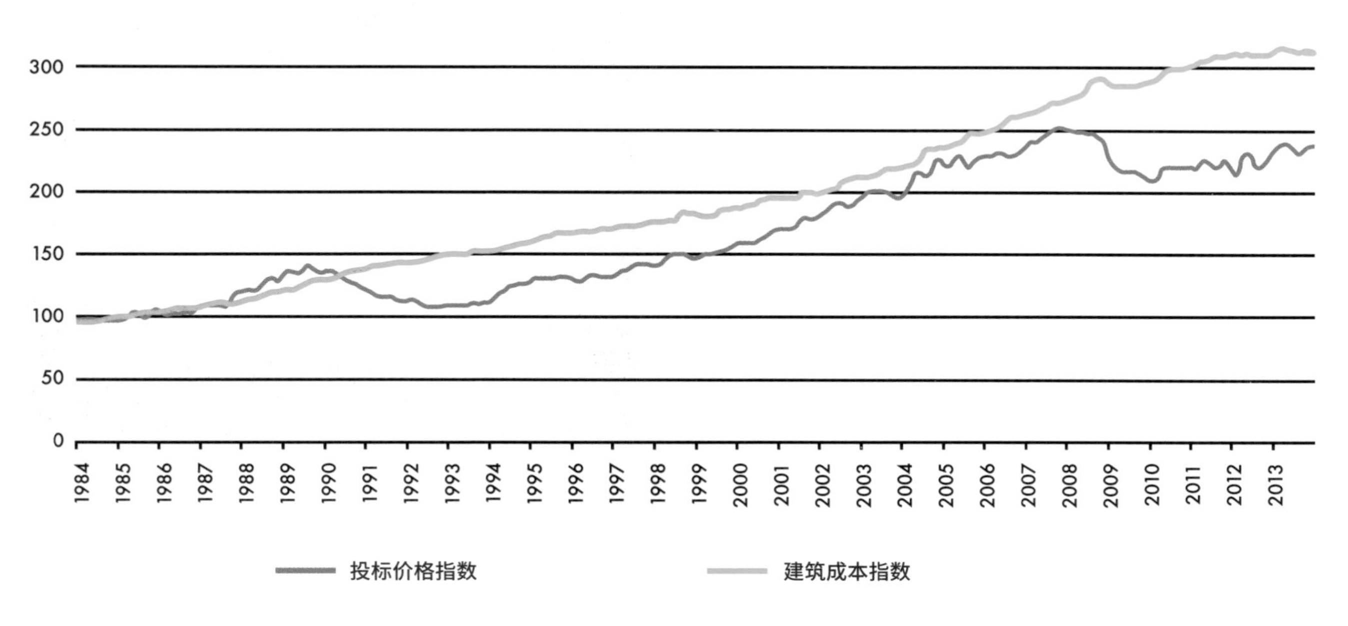

图2.6 建筑项目报价与最终价格之间的差异——数据以马克·法默使用BCIS指数得出的研究成果为基础

花时间真正了解一个场地是很重要的。我们需要在一天中不同的时间，在不同的天气里观察它，因为短暂的了解可能不具有代表性。我们需要了解举办公共活动等非正常使用时项目场地的情况。如需要举办篝火晚会或节日庆祝仪式等活动，那么还需要我们在设计中满足一些要求，例如设置更高级别的紧急通道或临时停车场。我们可以使用网络信息，如社交媒体上发布的照片、新闻文章或航空影片，获得对场地的一些了解，但没有什么比实地现场勘测更好了。

现场勘测和评估工具

除了现场勘测，我们还可以使用其他工具来评估场地。新技术可以给我们提供以前不可能或昂贵得让人望而却步的评估方式。

景观建筑师可用的评估技术包括：

开放数据｜英国政府在发布供公众使用的政府数据方面领先于世界。[18]使用地理信息系统（GIS）叠加各层信息，可以分析空气污染程度、栖息地类型和开放空间的可用性等各种因素。QGIS等免费开源软件可用于分析数据和图纸绘制。[19]

无人机｜对于无法进入的或存在危险的场地，无人机可用于查看现场，或从设定的高度或视角评估场地。在不同的时间重复采用相同的无人机飞行路线可提供有用的评估信

图2.7　一个看起来没有什么景观价值的地点可能是某人小时候喂鸭子的地方

图2.8　场地可能有的其他用途无法通过短期现场勘测发现——2018年伦敦皇家公园圣诞活动

息，例如用于记录洪水的性质或栖息地的变化。

云点扫描 | 与其他方法所需的时间相比，这种方法使得勘察时间大大缩短。勘察可形成彩色图像，也可以形成黑白图像，以便创建场地的虚拟模型。建成后，可以直接在模型中测量。如今的扫描设备足够小，可以由无人机携带，从而可以快速测量大面积场地和偏远地区。

远程摄像头 | 为了对现场调查获取的信息加以补充，可以设置远程摄像头来记录场地使用情况或评估野生动物情况。在整个施工和建立阶段，还可以使用远程相机的延时摄影进行评估。

方案和规划

在这个早期阶段，计划会缺乏细节，但应证明客户想要的时间表是可行的，并包含启用时间等需要实现的重要事件。这也是一个评估项目团队能力的机会。重点是要讨论方案变更的商定方式以及所有额外费用的批准方式。一个用比计划时间长落地的项目可能需要更多的时间来考虑设计，但也会产生更多的成本，例如通话、回复电子邮件或现场调查。在不增加费用的情况下接受项目延期可能会减少各方面的利润。费用报价应包括预期的项目持续时间，并在可能的情况下，针对超出我们控制范围的任何超支情况，以周或月为单位收取额外费用。

如果项目需要规划许可或其他许可，则需要尽早将其纳入方案，并制定现实可行的审批时间表。对于某些场地而言，在早期阶段与规划机构举行申请事前会议可能是更合适的，以确保设计概念符合当地的规划要求。

回顾以前的项目

这是与该客户或其他客户一起回顾相关场地的景观设计和所有类似设计项目的阶段，并将学到的经验教训纳入其中。双方需要商定一个审查制度，并分享所有相关信息。这可能包括之前的规划申请、现场勘察报告或栖息地调查报告。

反馈和回顾现在是英国皇家建筑师学会工作方案中公认的一个步骤，承认我们应该向同部门的其他人学习，避免重复已知的问题。如此可以创建一个可重复使用工作计划，并使已完成项目的反馈信息在后续工作的早期阶段就被告知。

定义可持续性标准

如果客户希望达到可持续性标准，则需要在现阶段就做出决定。该标准可能要求对项目进行登记，或者可能需要将登记费包含在项目预算中。有些顾问会告诉客户，他们所计划的方案与达成公认的可持续性标准之间的成本差异，以表明项目有可能在其预算内实现。

项目团队

无论项目团队是通过公开招募还是直接任命组建而成的，

组建成功的项目团队面临的固有风险都是相似的。团队需要涵盖所有必需的技能，并且团队需要能够有效地合作。这听起来是一个基本要求，但在现实中并不总是顺利实现。

组建项目团队时的一个考虑因素是技能和经验的传递。2016年的《法默评论》（*Farmer Review*）强调了建筑行业的经验损失，平均每一个人进入就有四个人离开。由于加入者的经验通常不如离开者，这种现象的影响就是技能下降。

如果我们想阻止这种下降的发生，有许多问题需要解决，但为那些处于职业生涯早期阶段的人提供项目经验是一个重要因素。他们可以带来更成熟的专业人士可能缺乏的技能或洞察力。为此提供资金可能会很困难，特别是考虑到我们行业的低利润率，但如果没有将专业知识传递下去，宝贵的知识就会流失。让初级员工获得经验，以此让团队获得更多营利的机会。

如果仅从专业技能角度进行评估，项目团队所具备的技能可能无法完全体现出来。以前的职业经验或工作以外的兴趣可以提供宝贵的技能或有用的联系，对项目加以支持。

角色和职责

项目团队的所有成员都必须了解其他同事的角色和责任。每个方面的设计由哪个专业人员负责，以及任何后续更改需要咨询谁，都需要进行商定，这样可以快速处理、更改并确定所有后续工作。有些方面需要采取协作的方法，可能由不同的专业人员处理结构、美学和环境的问题。

鉴于对项目团队中景观建筑师角色的误解很常见，我们很可能会对其他职业犯类似的错误。为了合作，我们需要认可同事的技能，并在我们不了解他们工作的确切性质时加以确认，无论我们在职业生涯中的地位如何。我们对他人工作的理解可能是通过我们大学时期的导师、行业内的偏见或行业中的老对手形成的，但这些都对我们没有什么益处。发现其他行业的创新成果可以帮助我们创造更好的景观。

对于景观建筑师来说，针对我们需要参与的设计方面给项目团队留下印象是至关重要的。一些团队成员可能认为我们不需要了解地下服务设施，而忽略了我们指定的植物品种可能会受到服务设施布置的影响这一事实。

合同格式

传统的建筑项目是分级制的，由一名与客户直接接触的首席顾问负责，并可能由多个层级的分包顾问间接控制。这种制度将大部分控制权交给首席顾问，他/她能够决定客户被告知或被询问的内容。与客户单点接触确实可以避免重复的发生，但也并不总是理想的选择。

联盟合同模式将客户作为项目团队的一部分，通过商定的

图2.9　我们种下的树木通常比我们长寿——公园树木，巴兹尔登公园国家信托财产，2015年摄于伯克郡

沟通系统，以便各方了解所有未完成的问题和做出的决定。

打造一个角色定义明确的项目团队，也列出所需的技能和专业知识范围，让年轻的员工能够有机会学习，所有成员能够有效沟通，客户则是我们的目标。在现实中，团队可能是匆忙组建的，而忽略了知识的差距和角色的重复。然而，一个团队的组建需要成员共同适应所有缺点，并努力消除这些缺点。

社会影响

更广泛地评估我们的工作对社会的影响是一个重要的考虑因素。作为景观建筑师，我们的工作成果可能会比我们长寿，因此我们需要考虑景观项目对后代的影响。这些影响可能与场地有关，如现场的使用造成的场地变化或视觉影响，以及不可再生资源的使用等更广泛的影响。

需要考虑施工期间的噪声、交通或空地损失等实际因素。尽早确认这些因素可能意味着可以减少其影响。如果我们无法降低这些影响，就需要决定如何向当地社区解释，如何让他们了解最新情况，以及如何处理出现的所有新问题。

2016年《法默评论》指出，公众对建筑行业的印象很差。如果我们想改变这种看法，进而鼓励新人进入我们的行业，我们需要确保我们方案中的公众体验是良好的。如果我们不能满足他们的期望，则需要清楚地解释原因。建筑工地外每一条泥泞的道路，每一台打扰了人们清梦的无线电通信设备，以及每一辆阻塞交通的卡车，都增加了人们对我们行业的不良印象。一些烦恼是不可避免的，但许多烦恼是可以预见的。如果我们希望人们支持我们的项目，关心我们创造的景观，我们需要在创造景观时表现出同等的关心。

规划更好的社会影响

景观建筑师通过专业的技能为广大社会带来好的影响，同时项目场地本身也会因此收益。

我们的工作对于创造更广大的社会影响有以下好处：

- 地表水管理/可持续排水系统（SuDS）
- 低碳维护方法（见第6章）
- 种植方案对空气质量的改善
- 栖息地创建和恢复
- 为改善健康和福祉提供机会

一直以来，景观建筑师一直了解他们工作可以带来的更广泛的好处，这些好处也已经开始被第三方（如政府和资助者）认可。尽管是从以人为本的角度出发，生态系统服务的概念认可了我们工作做出的贡献，并且可以在解释我们工作的积极后果时成为一个有用的工具。

我们的工作可以提供的另一个好处是改善公共空间中用户的安全保障状况——第3章对此进行了详细探讨。

在做出最终决定之前，规划阶段为项目的其余部分定下基调。它使项目团队尽可能充分地了解客户的需求，了解场地，并评估对社会产生的更广的潜在影响。在这一阶段花费的时间有助于缩小客户期望与交付内容之间的差距。

这一阶段结束时，一个未来所有工作的框架将被建立，并用以前工作的经验教训加以巩固，使我们能够进入下一阶段。

图2.10　我们的工作经常会给公众带来不便——挖掘工作使人行道几乎无法通行

2.1 Case Study

MAGGIE'S CENTRES ARCHITECTURAL AND LANDSCAPE BRIEFS

2.1 案例研究

玛吉中心 建筑与景观概要

标题 玛吉中心	
客户 玛吉·凯斯威克·詹克斯癌症关怀中心信托	
位置 多个——见表2.1.1	工期 多阶段
施工周期 多个	方案类型 治疗景观
项目价值 200万英镑（西伦敦玛吉中心）	景观建筑师 多个——见表2.1.1
业主 玛吉中心	建筑师 多个——见表2.1.1

玛吉中心是一个由英国、中国和日本的22个专家支持中心组成的网络，为癌症患者及其朋友和家人提供支持。[20]每个玛吉中心都设在癌症治疗医院的场地内，提供实用、情感和社交支持。

这些中心以玛吉·凯斯威克·詹克斯（Maggie Keswick Jencks）的名字命名，为咨询、替代疗法和其他活动提供了空间，也可以在这里喝杯茶或是寻求隐私空间。

图2.1.0　阿拉贝拉·伦诺克斯·博伊德设计的敦提玛吉中心的景观方案，摄于2003年
图2.1.1　拉纳克郡的玛吉中心；兰金弗雷泽景观建筑事务所，北拉纳克郡艾尔德里

玛吉在自己的经历中受到启发，创建了这些服务中心。1988年，47岁的她被诊断出患有乳腺癌，并得到了成功的治疗。5年后，癌症复发了，而且出现在她的骨头、骨髓和肝脏中，玛吉被告知她的癌症已无法治愈。创新治疗为她提供了一段时间的缓解，但在1995年，癌症第3次发作。虽然她的医疗需求得到了满足，但她觉得在营养、补充药物和对病人朋友和家人的支持等更广泛的问题上，几乎没有实际的或情感上的支持或指导。

玛吉用一本书回应这个问题——《前线的观点》，书中描述了她的治疗经历。她的工作使她想到了创建有办公室和图书馆的专用中心。她说服了爱丁堡西部综合医院，在此地她接受了高剂量化疗和干细胞置换的治疗，他们需要建设这样一个中心。医院场地内的一个小型前马厩被选为项目地点，理查德·墨菲建筑师事务所（Richard Murphy Architects）与玛吉表兄弟的妻子艾玛·凯斯威克（Emma Keswick）一起设计了景观方案，为改造项目制定了计划。

玛吉于1995年去世，第一个玛吉中心在一年后才建成，但她的丈夫查尔斯·詹克斯继续根据她的计划为这个项目提供支持。

第一个中心建成后，又有多个中心相继动工，全部由自愿捐款资助，并独立于它们所支持的医院。这些中心的设计与主医院相比，医疗设施更少，更容易接近，并为使用者提供一个家外之家。作为客户，玛吉中心注重良好的设计，并委托

玛吉中心与当地社区

每个玛吉中心都有其独特之处。我们想要当地社区为附近的玛吉中心感到自豪……我们需要住在附近的人知道，如果他们需要使用玛吉中心，那是一个很棒的地方。这是“他们自己的”玛吉中心，属于他们，他们也为之感到骄傲。

直到事情发生，我们才意识到这一因素对于每个玛吉中心所需的筹款有多么重要，因为每个中心都是自筹资金的。首先要筹集建筑的资本成本，然后再筹集此后每年的运营成本。建筑和景观需要成为它们自己在当地社区的门面。我们期待着人们了解和谈论“他们的”玛吉中心。

建筑和花园的使用安排

有些人会在确诊癌症之后就来到玛吉中心。有些人则没有准备好应对癌症带来的情绪影响，有时要等到治疗后很长时间才来到玛吉中心。如果你患有癌症或曾经患过癌症就会知道，医学治疗不一定能解决所有的问题。

患者的家人和朋友可能会在他们所爱的人接受治疗期间或之后来访玛吉中心，甚至可能在他们所爱之人去世后来到这里。人们很可能会因为某个原因来到玛吉中心，例如寻求福利建议或是因为他们是由朋友带来的，但最终他们会以最初设想不到的方式接受玛吉中心的服务。在专业人员的指导下，他们可能会使用由玛吉中心精心设计的支持计划的其他内容。

图2.1.2　摘自2015年玛吉中心建筑与景观概要

图2.1.3　格拉斯哥玛吉中心的庭院，景观设计由莉莉·詹克斯主持，2018年摄于格拉斯哥

了最优秀的景观设计建筑师和建筑师提供服务。

新玛吉中心的建筑和景观设计概要就是一个思路清晰的好例子。概要包括对场地的期望以及具体要求。厕所设计的明确说明非常经典。

“厕所：两个带手盆和镜子的厕所，应该足够大，可以容纳一把椅子和一个书架，其中一个必须有残疾人通道。厕所必须足够私密，可以让人在里面哭。它们一定得是温馨的地方，门下不应该有缝隙。”[21]

2015年玛吉中心建筑与景观概要

概要包含了一些细节，例如挂大衣和存放雨伞的位置，但要给每个场地留出足够的空间，让各个中心拥有非常不同的外观和感觉，景观设计应是玛吉中心特色的重要组成部分。

“向外看：即使只有一个种了绿植的庭院，也要尽可能多地向外看，甚至走出室内空间，这一点很重要。植物的效果也很好，它不仅能提供集中注意力的对象，还能为有玻璃门或玻璃窗的房间提供一定程度的隐私。我们希望花园和厨房一样，成为人们相互分享和恢复精神的空间。”

2015年玛吉中心建筑与景观概要

概要采用自然的语言，就像是客户在直接与潜在设计师交谈一样。这与许多设计概要形成了对比，在那些设计概要中，人们倾向于使用正式的、法律条文般的语言，使用复杂的设计以展现复杂的语言描述。简洁、清晰和诚实是玛吉中心概要的核心。这些参数是为设计者设置的。其中还有一些以前项目的照片，展示了迄今为止的设计风格和类型。

“我们的建筑和花园景观必须展现出吸引力。通往中心的道路必须召唤着你，并指引你来到明确是正门的位置。这条小路的种植方式可以帮助你在到达正门之前减轻因来到医院而感受到的压抑气氛。这里的风景在医院和正常（其实也没有那么正常了）生活这两个世界之间提供了一点喘息的空间。”

2015年玛吉中心建筑与景观概要

概要中说明客户对其角色的期望，参与项目的人员也将享受该过程。

“客户团队：玛吉中心拥有的小型客户团队，希望参与到设计的每一个阶段，从大楼的试运行到落成典礼以及之后的运营。它属于个人项目，而不是“委员会”项目。作为客户，我们的工作是在各个层面上想象这些建筑将如何为使用它们的人服务。我们希望享受这个过程，也希望建筑团队也能如此。我们认为，如果能享受过程，我们会得到更好的结果。我们欢迎惊喜，拥抱喜悦。如果我们能做到这样，来访的人也能感受到。”

2015年玛吉中心建筑与景观概要

图2.1.4　拉纳克郡玛吉中心草图；莱希与霍尔建筑师事务所作品

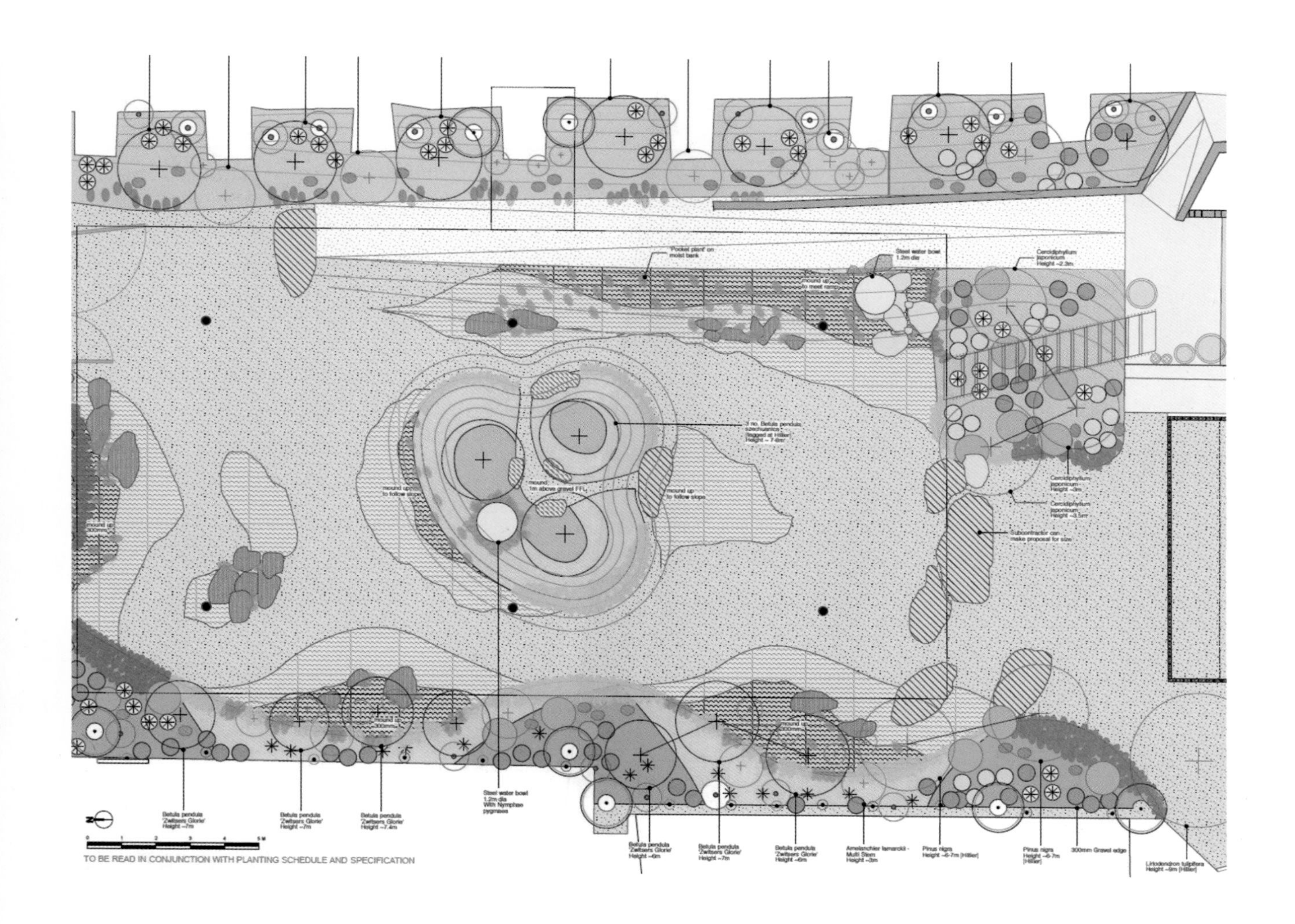

图2.1.5　奥尔德姆玛吉中心的种植图；鲁珀特·马尔登，dRMM事务所，2017年摄于奥尔德姆

玛吉中心的质量、多样性和创新性表明，概要说明足够清晰，可以实现目标，但又足够灵活，可以根据每个场地的情况进行不同的解释。

图2.1.6　顶部有镜面装饰的大榆树树干，格拉斯哥玛吉中心；由莉莉·詹克斯与阿尔奇·麦康奈尔合作设计，2012年摄于格拉斯哥

图2.1.7　格拉斯哥玛吉中心的餐厅视野，莉莉·詹克斯主持的景观设计，2018年摄于格拉斯哥

图2.1.8　高地玛吉中心；查尔斯·詹克斯主持的景观设计，佩奇/帕克建筑师事务所主持的建筑设计，2006年摄于因弗内斯

图2.1.9　拉纳克郡玛吉中心，兰金弗雷泽景观建筑事务所，北拉纳克郡艾尔德里

表2.1.1 玛吉中心概况

	开放时间	景观建筑师	建筑师
爱丁堡	1996年	艾玛·凯斯威克	理查德·墨菲建筑师事务所
敦提	2003年	阿拉贝拉·伦诺克斯·博伊德	弗兰克·盖里
高地	2005年	查尔斯·詹克斯	佩奇/帕克建筑师事务所的戴维·佩奇和布莱恩·帕克
法夫	2006年	Gross Max有限公司	扎哈·哈迪德建筑师事务所的扎哈·哈迪德爵士
西伦敦	2008年	丹·皮尔逊工作室	英国罗杰斯建筑事务所的理查德·罗杰斯勋爵
切尔滕纳姆	2010年	克里斯汀·费瑟博士	MJP建筑师事务所的理查德·麦克科马克爵士
格拉斯哥	2011年	莉莉·詹克斯	OMA大都会建筑事务所的雷姆·库哈斯
诺丁汉	2011年	Envert工作室	CZWG建筑师事务所的皮尔斯·高夫
斯旺西	2011年	金·威尔基	黑川纪章建筑都市设计事务所与加伯斯和詹姆斯建筑工作室
剑桥	2012年	现有建筑临时中心	临时中心
纽卡斯尔	2013年	萨拉·普莱斯	库利南工作室建筑师事务所的泰德·库利南
香港	2013年	莉莉·詹克斯	弗兰克·盖里
阿伯丁	2013年	斯诺赫塔	斯诺赫塔
默西赛德	2014年	临时中心——无景观方案	格罗尔克建筑事务所
拉纳克	2014年	兰金弗雷泽景观建筑事务所	莱希与霍尔建筑师事务所的尼尔·吉莱斯皮
牛津	2014年	试金石设计公司	威尔金森·艾尔建筑师事务所的克里斯·威尔金森
伦敦坎塞金中心	2016年	在既有建筑内	在既有建筑内
曼彻斯特	2016年	丹·皮尔森工作室	福斯特事务所的诺曼·福斯特勋爵
福斯谷	2017年	达伦·霍克斯	加伯斯和詹姆斯建筑事务所
东京	2017年	—	阿部聪
奥尔德姆	2017年	鲁珀特·马尔登	dRMM事务所的亚历克斯·德·里杰克

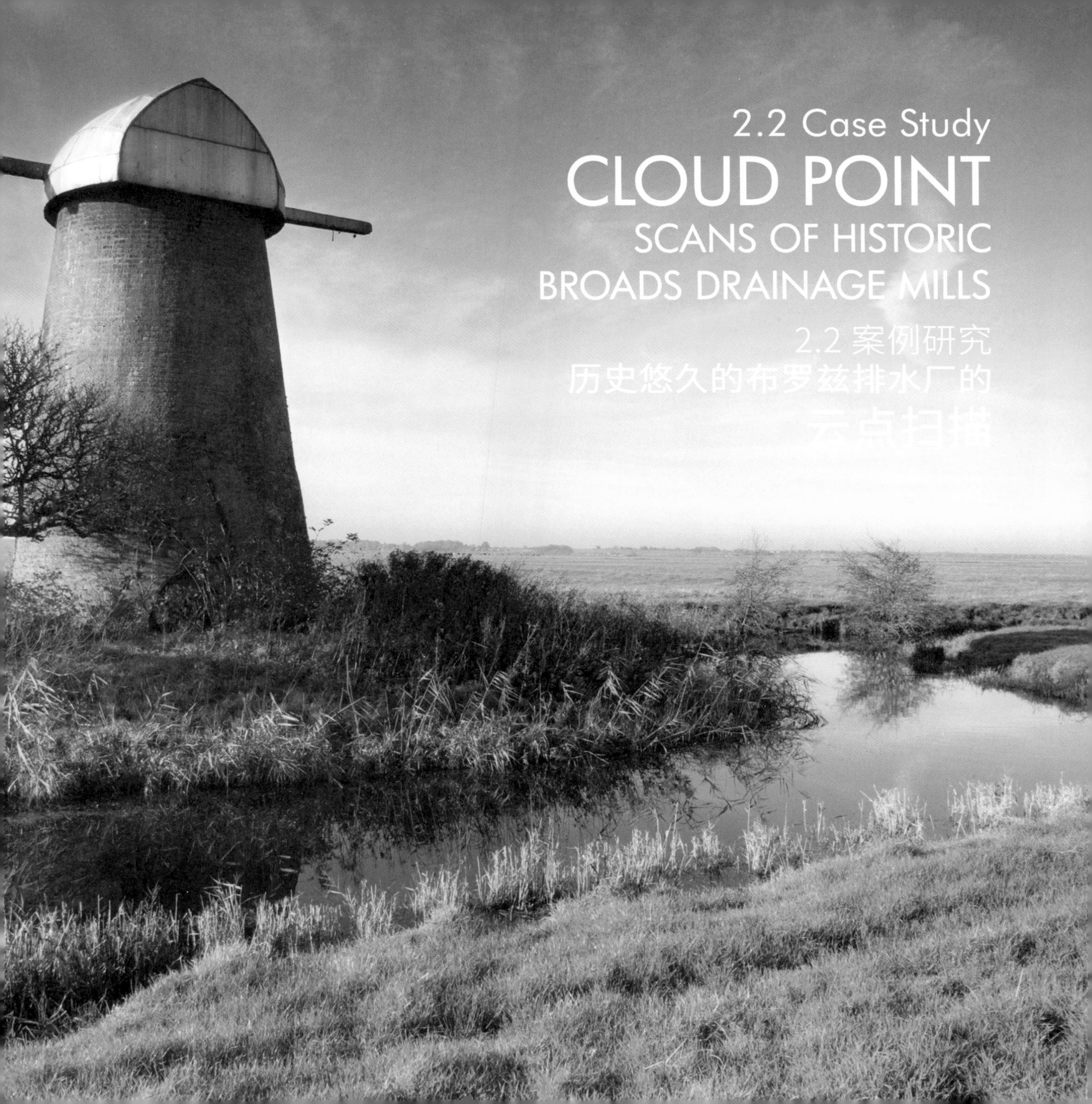

2.2 Case Study

CLOUD POINT

SCANS OF HISTORIC BROADS DRAINAGE MILLS

2.2 案例研究

历史悠久的布罗兹排水厂的云点扫描

标题	
水磨和沼泽合作景观——历史悠久的布罗兹排水厂的云点扫描	
客户 布罗兹管理局	所有者 多个
位置 布罗兹国家公园的多个位置	
项目周期 2016年至今	施工周期 2018年至今
方案类型 景观中的历史建筑保护	
项目价值 38个项目共计395.7万英镑（项目总价值）	
景观建筑师 克莱尔·瑟尔沃尔（担任英国国家彩票遗产基金的专家顾问）	
项目团队 方案经理——威尔·伯奇纳尔，布罗兹管理局代表 土地勘测——安格利亚土地调查有限公司	
主要出资人 英国国家彩票遗产基金	

图2.2.0　霍尔沃盖特高地磨坊，2014年摄于布罗兹国家公园霍尔沃盖特沼泽

图2.2.1　砖墙上的地衣，2018年摄于布罗兹国家公园里德姆北磨坊

项目

2015年，负责布罗兹国家公园的公共部门组织——布罗兹管理局获得了367,000英镑，用于制定一项竞标计划，旨在加强和保护具有国际性的布罗兹景观。

在国家彩票遗产基金的资助下，作为其景观伙伴关系赠款计划的一部分，布罗兹管理局花了18个月的时间来完善方案，更新成本，测试计划中38个项目的可行性，并申请匹配资金，为支持性组织建立多元化伙伴关系，并与社区开展协商。在这一阶段结束时，成功提交了一份

图2.2.2　磨机工作区，2014年摄于布罗兹国家公园霍尔沃盖特沼泽区洛克盖特磨坊

第二轮申请计划，并获得了243.7万英镑的全额赠款，一个5年的工作方案就此启动了。

景观

布罗兹开阔的景观地貌以沟渠而非树篱围成的大片平原为特征，形成了一个广阔的排水网络，为野生动物提供了宝贵的栖息地。这些独特的排水磨坊建于18世纪，一直使用到20世纪，尽管几乎没有垂直特征，但是景观中最突出的组成部分。

布罗兹地区复杂的地貌源于中世纪挖掘泥炭形成的浅湖。这个人造景观处于高度监管状态，具有很高的保护价值，有2个国际重要的湿地遗址、28个具有特殊科学价值的遗址和17个具有区域和本地重要性的野生动物保护区。[22]诺福克和苏福克湿地是英国最大的受保护湿地。

这些磨坊的设计目的是抽水排干沼泽地的水，让农民们可以在以前产量甚少的土地上放牧。每一个磨坊都以宝贵的形式记录下了当时的可用技术，以及在使用期间添加的改进和创新。由于近年没有使用，许多磨坊的维护状况很差，有些甚至有坍塌的危险。

图2.2.3　布罗兹国家公园霍尔沃盖特沼泽的马顿磨坊的云点扫描图像，摄于2019年

图2.2.4　洛克盖特磨坊云点扫描的初始输出，2018年摄于布罗兹国家公园霍尔沃盖特沼泽

图2.2.5　云点扫描显示了2016年布罗兹国家公园霍尔沃盖特沼泽洛克盖特磨坊的水平剖面图

磨坊勘测

保护12座有倒塌风险磨坊计划的第一阶段，是要对其结构进行委托勘测。最初的计划是对磨坊进行人工勘测，但根据国家彩票遗产基金顾问的建议，团队决定采用云点扫描这种更快、更安全、更划算的方式。

勘测员在地面上使用三脚架安装的激光扫描仪进行每秒数千次的测量。通过激光扫描创建了一个3D数字模型，然后将其用于创建修复工作的精确底图。

高分辨率彩色图像也被记录并覆盖到3D模型上。使用专业软件，可以在图像中进行精确的测量，从而可以在不重新访问现场的情况下测量建筑内构件的尺寸。

扫描仪可以在视线范围内的任何地方工作，因此能够对人类进入不安全的区域进行勘测。当激光通过破碎地板上的小孔捕捉物体信息时，先前隐藏的特征会被揭示出来。

初步勘测的目的仅仅是为修复工作提供准确的底图信息，但通过云点扫描收集的数据，可以创造其他可能性。磨坊的数字模型可以在线共享，这样就可以虚拟探索现实中无法访问的磨坊。通过这种方式，可以让全世界的磨坊爱好者检查每个磨坊的工作情况，也有助于理解以前隐藏的技术。这些磨坊可以定期重新扫描，以评估恶化情况，并帮助确定维修的优先顺序。

图2.2.6 洛克盖特磨坊正在进行云点扫描，2016年摄于布罗兹国家公园霍尔沃盖特沼泽

随着技术的进步，扫描仪的尺寸减小，扫描速度加快，现在可以将其安装在无人机上，从而获得另一个视角，并利用技术的最新进展帮助保护我们过去的技术。

图2.2.7　石头磨坊，2017年摄于布罗兹国家公园弗里索普

图2.2.8　高磨坊，2014年摄于布罗兹国家公园霍尔沃盖特沼泽

图2.2.9　凯吉斯磨坊（前景）和伯尼·阿姆斯磨坊，并非所有面临危险的磨坊都可以作为项目的一部分进行修复；2019年摄于布罗兹国家公园里德姆

Chapter Three

DESIGN

第3章 设 计

引言

对于许多景观建筑师来说，设计阶段才是乐趣开始的地方。我们是建筑师，设计本身是我们培训的重点，也可能是吸引我们进入这个行业的原因。可能从参观场地的那一刻起，我们就已经开始在脑海中进行构思，但实际上，设计工作可能只占总工作量的一小部分。真正的建筑师会在脑海中不断重塑设计布景，这源于他们那与生俱来的、不满于拙劣设计的设计天性。

在接受过的培训中，我们知道设计过程是一种线性阶段过程，包括调查、评估等不同的阶段，每个阶段之间有清晰的过渡。这种所谓线性的表达方式更多是针对客户而言的，在大多数建筑师看来，设计是一个在多种因素影响下更为分散的、潜意识的过程。越有经验，设计过程就越容易。某页纸上看似随意的一个线条，都是建筑师在自身经验基础上对其设计含义的充分诠释。在景观建筑设计中，好的设计方案通常会妥协而不是起主导作用，这就表示景观建筑设计不会获得那些标志性建筑或官方桥梁等项目的关注。

进入设计阶段，设计简报将被最终敲定，把相关工作委托

图3.0　冥想林，斯库格墓地（林地公墓）由贡纳尔·阿斯普朗德和西格德·莱韦伦茨设计，建于1915年至1940年，并于1994年、2014年被联合国教科文组织列为世界遗产，位于斯德哥尔摩

表3.1　此工作阶段的要素[1]

阶段2——概念设计
- 制定景观及生态策略 - 商定总体规划/概念、流程和管理策略 - 开展概念设计 - 监督概念设计的进度 - 准备并发布项目简报最终版 - 项目团队会议 - 与项目团队审查风险评估 - 与项目团队审查移交策略 - 审查并更新项目执行计划 - 审查项目程序，并与项目团队商定变更内容 - 评估阶段设计方案 - 评估成本资料 - 准备可持续发展策略 - 制定绿色基础设施策略 - 准备管理计划 - 准备阶段设计方案 - 监督和审查设计团队的进度及表现 - 与规划部门保持联系 - 利益相关方介入 - 与承办的第三方进行磋商 - 协助首席设计师准备阶段设计方案 - 为成本信息的编制提供资料 - 准备施工策略 - 制定健康和安全策略 - 正式的可持续性预评估和确定主要的设计重点 - 初期能源评估 - 环境影响检测 - 评估景观效果和视觉冲击效果 - 气候变化检测 - 深化景观和生态策略 - 设计小组会议 - 进行设计/技术审查 - 准备总体规划 - 制定总体计划的实施战略 - 制定大纲/性能规范 - 交流概念设计

续表

阶段3——开发设计

- 商定空间布局、材料主色调和种植特性
- 监督开发设计的进度
- 与项目小组一起审查移交策略并进行风险评估
- 审核和更新项目执行计划
- 项目小组会议
- 审查项目流程，并与项目团队商定变更内容
- 评估阶段设计方案和成本资料
- 协调和评估设计方案并在开展过程中对其进行优化
- 更新可持续发展策略及维护和运营策略
- 与其他设计团队成员一起准备阶段设计方案
- 准备开发景观设计
- 制定详细规范
- 与规划部门保持联系
- 准备景观管理计划
- 制定种植策略
- 提交规划申请
- 与承办的第三方进行磋商
- 为编制成本资料和项目策略提供资料
- 中期能源评估
- 资源与废弃物最小化设计评审
- 利益相关方介入
- 设计小组会议
- 进行设计/技术审查
- 讨论开发设计
- 根据景观和视觉影响进行评估

阶段4——技术设计

- 完善软硬细节设计
- 准备施工和维护的投标文件
- 监督设计的进度
- 与项目小组一起审查最新的移交策略、项目策略和风险评估
- 项目小组会议
- 审查和更新项目执行计划
- 评估开发设计方案
- 管理变更控制流程
- 监督和审查项目团队的进度和表现
- 与其他设计团队成员一起准备阶段设计方案
- 监督和审查设计团队的进度及表现
- 与专业分包商联系
- 准备景观技术设计
- 提交建筑法规意见书
- 与承办的第三方进行磋商
- 协助首席设计师准备阶段设计方案
- 更新施工策略
- 协助准备景观设计合同，与承包商达成协议并安排竣工
- 检查可持续发展评估
- 检查能源评估
- 检查用户指南
- 检查未完成的设计阶段信息
- 检查监测技术
- 检查变更的审查内容
- 检查可持续性发展合规情况
- 协调设计方案和项目策略
- 设计小组会议
- 进行设计/技术审查
- 制定技术规范
- 交换技术设计

给专业分包商后（在某些情况下，可能建筑师就会成为专业分包商），完成咨询工作，并商定费用。

景观建筑师

“花园是美学和可塑性意图的综合体;而植物，对于景观艺术家来说，不仅仅是稀有的、不寻常的、普通的，或是注定要消失的，植物也可以是一种颜色、一种形状、一种体量或一种蔓藤花纹。”

罗伯托·布雷·马克思

正如前一章所提到的，我们的设计会使用一部分有生命的材料。我们的工作囊括了时间的第四维度，这是一个很难把握的概念。也就是说，我们必须设计出一种方案，既能在场地开放时发挥作用，又能随着景观内植被的生长变化而发挥作用。景观建筑师眼中的时间标尺比其他建筑专业人员眼中的要长，那是因为，即使是寿命最短的树种往往也能活上一个世纪，寿命最长的树种更是能长上几千年。

设计阶段

景观建筑师哈尔·莫格里奇在2017年出版的优秀著作《缓慢生长：论风景园林艺术》中，讨论了如何利用实践顺序做出设计决策[2]。哈尔与布伦达·科尔文合作并担任科尔文和莫格里奇景观设计公司的负责人，他是世界著名的景观建筑专家，其参与过的项目包括布莱尼姆宫和威尔士国家植物园，其中布莱尼姆宫是现存最古老的英国景观建筑。

在设计阶段，哈尔将评估环境设为第一步，然后才是建筑物的选址，若采用这种设计方式，建筑坐落于景观之中，隶属于景观，而不是支配着景观。

设计很少是井然有序的，想法通常以一种不那么有条理的方式展开，但是有了一个工作的阶段框架，项目团队就有了一个系统性的方案来满足客户的要求，并确保每个问题按阶段顺序解决，不妨碍下一阶段进度。

如果项目在概念阶段没有解决目的地之间的路线问题，或者还没有指定景观设计师，那么最终的布局可能会很别扭，进而造成不必要的问题。

方案中各目的地间的路径问题不是在概念阶段就能解决的，也许在尚未任命景观建筑师的情况下，项目可能因难以处理的布局而引发出了一些不必要的问题，而后就此结束了。这些问题可能会发生在一些没有实际用途的区域，也可能是应该遮挡的区域，例如像停车场这样的功能区被放置在了最显眼的位置。

哈尔的实践顺序是先处理方案的基本结构，尽可能确保在基本层面发挥作用，在稳固的结构基础上进一步细化和改善。处理场地周围的移动路线问题是大多数景观方案的核

1.首先是关键要素的定位，包括场地入口、现存功能区、活动所需的平地，如运动场、主要水域；然后是建筑物。
2. 确定连接这些目的地的主要路线。
3.设计主要开放空间时要考虑土地用途、景观环境等。
4.确定主要树木的位置，既是为了确定建筑物等空间组成，也是为了隐藏干扰性元素和不相关的景观。
5.次要目的地的定位，既包括次要建筑，还包括功能空间。
6.确定辅助路线。
7.改进设计细节，如植物、溪流、阶梯、游乐场、公告牌、座椅等。

哈尔·莫格里奇,《缓慢生长:论风景园林艺术》,2017年,伦敦独角兽出版社

心要求之一，哈尔在处理此类问题的同时，更关注如何增强用户在场地中的移动体验。

“景观规划通常是移动路线的规划。”

哈尔·莫格里奇，《缓慢生长：论风景园林艺术》

呈现我们的设计

我们的设计除非能被别人理解，否则毫无用处。在教学中可能会把重点放在设计的可视化呈现上，比如平面图和模型的质量，而不注重设计的质量，因为质量会在脱离最终方案的情况下，以现场审核评估为准。

这种教育过分地强调了方案而不是设计本身。我们的方案很少被视为艺术品，所以只需要以最简洁的信息去传达我们头脑中的想法。方案只是将我们头脑中的事物具象化。我们的工作是充分理解客户的需求，然后开发出满足这些需求的设计。我们将该设计反馈给客户，获得他们的认可，经过其他人的审查和建造，最终呈现出来。

难点在于将我们的想法传达给客户和项目团队的其他成员。这个想法还会被传递给一连串可能我们永远不会与之碰面的人，比如评估师或供应商。

很多时候，即便不能亲自到场解释，我们也必须把设计理念传达给其他人，如同作家通过他们的作品表达思想一样。作家斯蒂芬·金（Stephen King）在他杰出的著作《写作这回事》（*On-Writing*）中将这一过程描述为一种心灵感应。他以一只关在笼子里的兔子为例阐述其观点[3]，笼子中的兔子背上画着一个数字。作者和读者都对“兔子”有同一个概念，但他们对笼子大小或数字颜色的想法会有所不同。在小说中，这种差异是用来锻炼我们的想象力的，但在设计工作中，需要尽可能地减少这种差异。

利用清晰明确的计划和细致的规范，可以使现实工作更贴

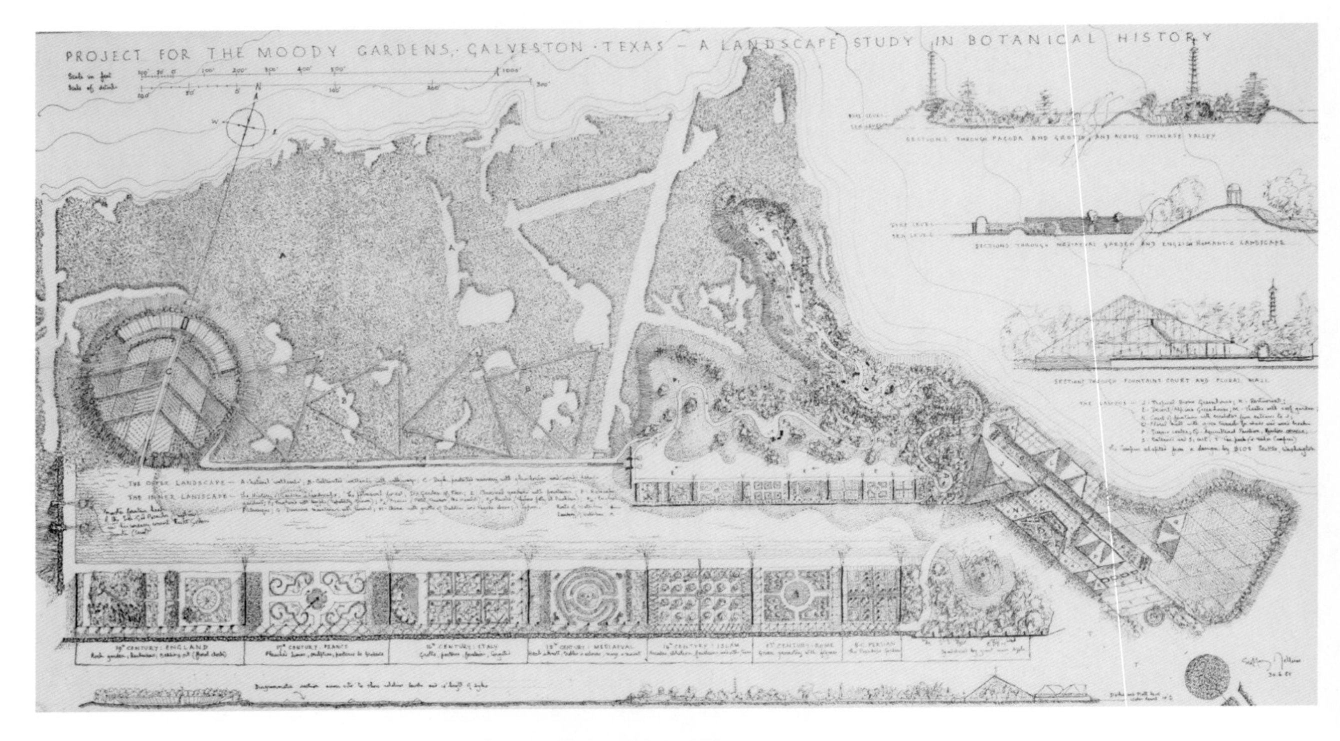

图3.1 穆迪花园设计；1985年，得克萨斯州，加尔维斯顿，杰弗里·杰利科爵士设计

近我们的设想，除非我们自己承担所有的现场工作，或花大量的时间去监工，否则想要二者完美匹配是不太可能的。有才华的项目团队可能完成得比我们想象得要好，有望将二者差异缩小到能够接受的程度。

即便使用3D绘图工具来设计我们的作品，在大多数情况下，设计也只会以2D形式出现，要么是在纸上，要么是以数字化的形式展现。

为了能充分表达我们的想法，平面图的详细程度与其所要提供的信息量应该保持均衡。一张好的平面图应该是清晰的、容易理解的，允许出现最小误差。经过培训，我们相信，平面设计图是一种创造方法，而不仅是创造过程中的一种工具。

设计者通过平面图所包含的内容以及排除的内容来传递他们的设计意图。有这样一个未经证实的关于地图的坊间传闻，英国地形测量局为军方制作的早期地图中，使用了两

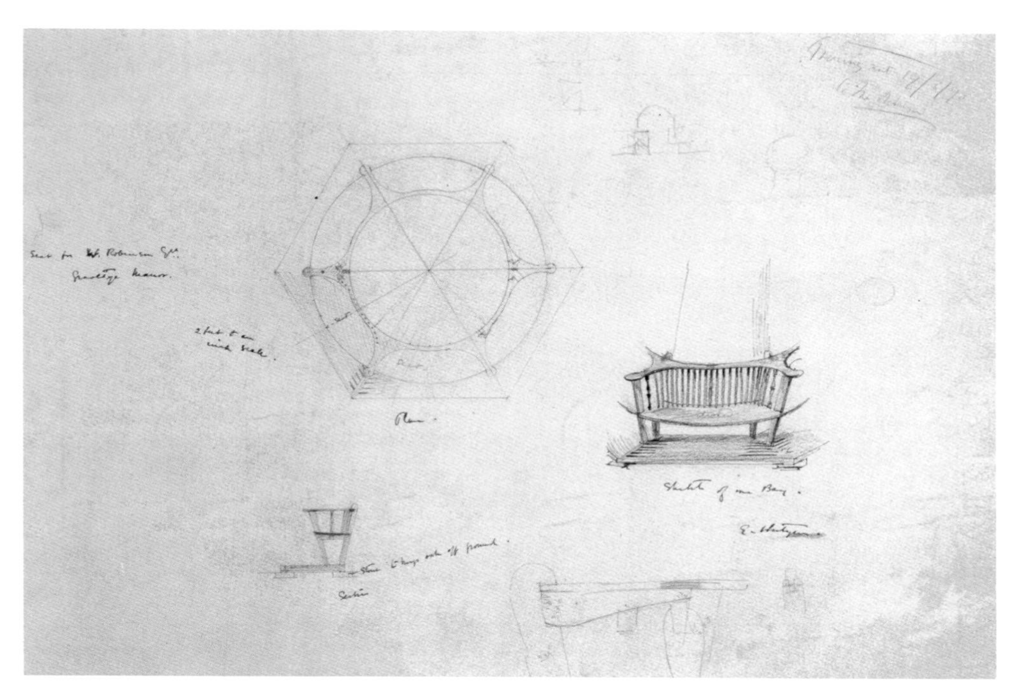

图3.2 格雷维提庄园的木制圆形座椅设计； 1898年，苏塞克斯郡，西霍斯莱，埃德温·鲁琴斯爵士设计

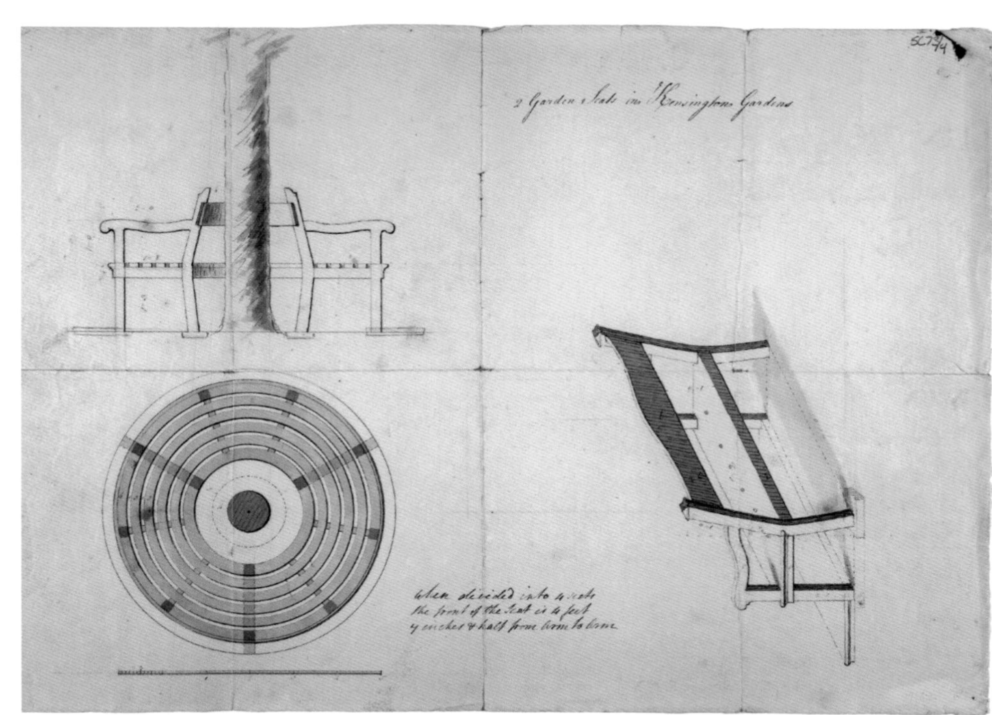

图3.3 肯辛顿宫花园的花园座椅设计——平面图、剖面图和透视图； 1750年，伦敦，约翰·瓦迪设计

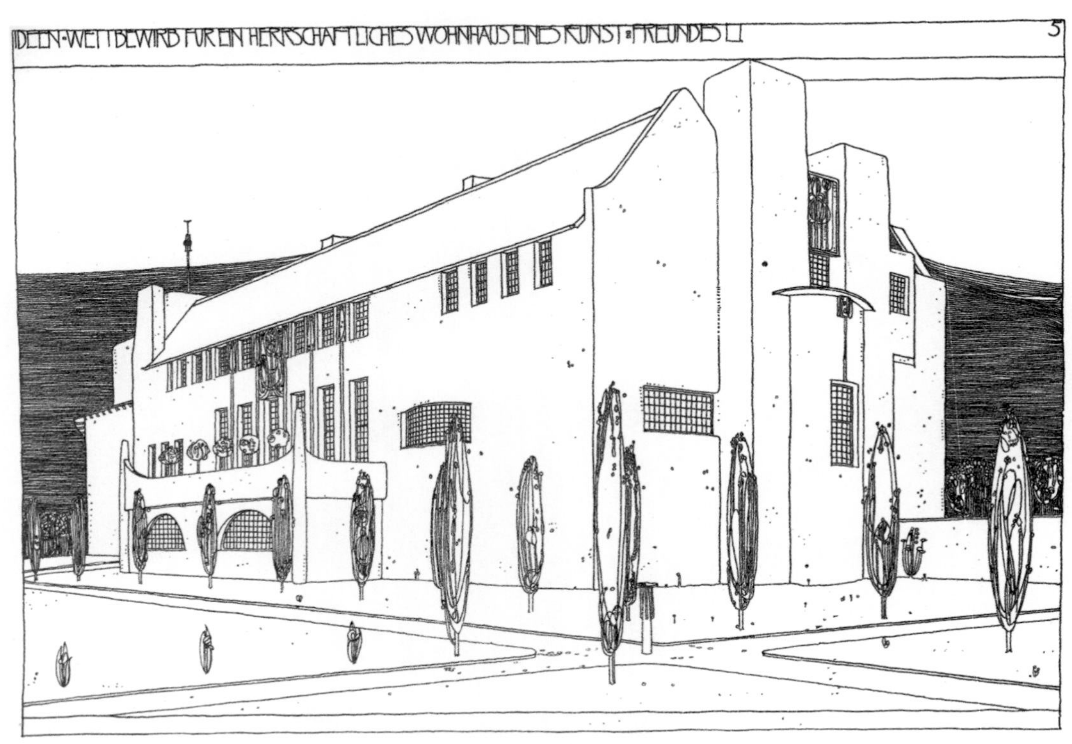
IDEEN-WETTBEWERB FÜR EIN HERRSCHAFTLICHES WOHNHAUS EINES KUNST=FREUNDES II
5

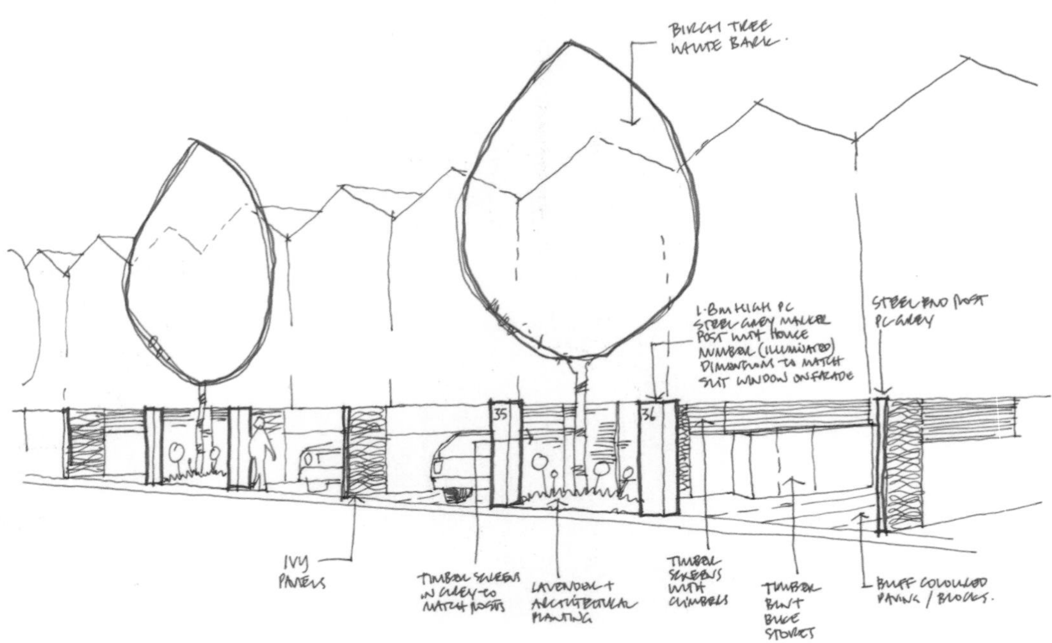
BIRCH TREE WHITE BARK.
1.8m HIGH PC STEEL GREY MARKER POST WITH HOUSE NUMBER (ILLUMINATED) DIMENSIONS TO MATCH SLIT WINDOW ON FACADE
STEEL END POST PC GREY
35
36
IVY PANELS
TIMBER SCREENS IN GREY TO MATCH POSTS
LAVENDER + ARCHITECTURAL PLANTING
TIMBER SCREENS WITH CLIMBERS
TIMBER BIN + BIKE STORES
BUFF COLOURED PAVING / BLOCKS.

种不同类型的线条标注墙和其他边界线，以表示是否可以用它们做掩护，把自己隐藏起来。为儿童绘制的地图通常会标明过马路的安全地点、游乐区或公交车站，而大多数地图更侧重于成年人关注的问题，如交通路网、高尔夫球场或酒吧。

设计的侧重点会在我们收到的调查结果或基本平面图中体现出来，例如调查显示现有植被呈不规则的斑块状分布，边界不明确，或是树木的树冠呈完全对称状。另一个例子是“冰冻豌豆平面图”，这是一种景观概念平面图，树木作为绿色小圆点分散在场地上，不考虑树木的最终高度或根区。这种最简化版的图纸可以为绘图者在如何体现景观价值方面提供一些参考。

参考绘制惯例和标准有助于减少误差，确保平面图的清晰、整洁[4]，如英国标准协会（BSI）和国际标准化组织（ISO）制定的惯例和标准（BS EN ISO 11091：1999《施工图、园林制图实用规程》）。有些人认为引入建筑信息建模（BIM）等标准化惯例限制了创造力，但是，如果标准化可以减少我们工作中的解释和执行中的错误，就应该将其视为起积极作用的。

图3.4　“艺术爱好者之家”的设计；1901年，苏格兰，查尔斯·雷尼·麦金托什

图3.5　住宅开发设计；2014年，斯温顿，大卫·贾维斯景观建筑事务所

在决定平面图所包含的内容时，景观建筑师要在确定其最终用途的基础上，让绘图者在平面图上绘制出那些能达成目标的内容即可。一个有才华的绘图者只需寥寥几笔就能传达出某种想法。

设计生产力

形成平面图、3D模型或报告的过程不应该妨碍整个设计过程。当计算机辅助设计（CAD）开始应用于建筑行业时，人们就预言设计会走向灭亡，但现实却是，我们现在可以创造出原本难以想象的建筑和结构，比如建筑师扎哈·哈迪德和弗兰克·盖里创造的参数化结构。修改平面图的便捷性意味着我们可以快速测试不同的设计方案。数字化方案可以轻松实现共享，不同的团队成员甚至可以在最复杂的3D模型上实时协作。

我们的目标应该是提高我们的生产力，减少花费在如人工种植或制作材料明细表等任务上的时间，这类工作费力且无须什么技能，应该将更多的时间投入创作工作中去。我们应该通过提高效率来提高生产力，同时希望通过缩减绘制平面图和制作说明的时间来获得更多利润。定期检查工作流程中你所建立的各类文档，去探索创新是否可以缩短制作时间。

开放数据与分析

在景观建筑师可以使用地理信息系统（GIS）之前，要分析一个场地，唯一的方法就是通过筛选分析，比较不同的

景观及视觉影响评估平面图的制作流程

大卫·贾维斯景观建筑事务所（David Jarvis Associates）发现，使用地理信息系统（GIS）和免费开放数据，可以大大简化创建景观及视觉影响评估（LVIA）平面图的制作流程。该机构由景观研究所前任院长大卫·贾维斯创立，他还参与了LVIA的演进，并为最新版的《景观及视觉影响评估指南》[5]做出了贡献。

协会最初采用的制作流程是从PDF和纸质报告中获取选定的边界等源信息。将这些信息输入绘图软件，以新的格式重新绘制线条。由于他们使用的源数据仅能作为单层平面图使用，相当于纸质平面图的数字版本，因此无法将各个文档所需的信息从源数据中剥离出来。

英国政府免费提供公共数据的政策促使现在制作LVIA所需的大部分信息都采用了数字数据集的形式。来自土地注册处、环境署和其他公共机构的公开数据现已上线，可以免费下载。

GIS允许用户创建包含数据的地图，这些地图由点、线或多边形组成。在GIS中先根据平面图创建模板，然后将其与开放数据连接，可以在较短的时间内创建精准的平面图。数据集通常有许多可以开或闭的层级，因此可以轻易地注入相关信息，也可以排除所有冗余信息。至于定期更新资料的问题，例如土地注册处提供的土地所有权资料，可以通过实时网络存取源数据，保证获得的信息都是最新的。

通过对制作流程的回顾，大卫·贾维斯景观建筑事务所将制定一套标准LVIA平面图所需的时间从几天缩短到几个小时。这种方法由于使用的是原始源信息，还排除了复制时出错的风险，并且易于更新信息。

数据组。这通常需要在一张基本平面图上覆盖几层描图纸，仔细比较各层图纸才能发现所评估的因素在图纸上的聚集之处或不足之处。

现在GIS可以将复杂的数据集中在一起，创建一个查询功能就可以获取并掌握数据情况，这在以前不属于景观实践的范围。创建的查询功能类似于电子表格中的公式——用户选择一个标准列表，软件就会显示满足这些标准的特征或记录。

这种分析水平和速度有助于我们快速评估潜在的路线、场地资产、参与程度或缺乏开放空间的区域。如果有三维数据，我们可以使用GIS来评估理论视觉影响区（ZTIs）和集水区。

使用软件和数据资源的价格十分昂贵，这类分析成本是许多景观事务所难以承受的。2009年出现了一款免费的开放源码程序，桌面地理信息系统（Quantum GIS, QGIS）。过去，人们觉得开放源码软件只与那些高水平的技术技能人才有关，而且不太可靠，但现在此类软件已被广泛使用，甚至包括一些公共部门机构在内。

随着获取开放数据的方式和GIS的不断改进，我们可以利用技术，用从未想象过的方式，以最短的时间、最低的成本分析整个景观。学习准确使用这些工具确实需要时间，但相较于过去的技术，新工具可以提升洞察力、节省时间，多少可以弥补学习使用时所消耗掉的时间。

所有公开可用的数据都应该进行可信度评估，计算机科学有这样一句格言“垃圾输入，垃圾输出”（garbage in，garbage out），常用来形容一些数据来源，我们使用的数据也是如此，如果输入的都是一些无用数据，那么这些数据就像垃圾一样。英国景观学会为景观建筑师提供了一份实用的数据来源清单[6]。

可能还有一些我们尚未解决的问题，这些问题只能通过叠加那些分散的、看似不相关的数据资源来解决。如果我们有效地利用科学技术，可能会发现其中的相关性，进而提出质疑或假设，证明我们工作的价值。

灵感

景观建筑是一门艺术，灵感的有效来源十分广泛。我们不需要与项目团队或客户分享这些信息，除非整个团队也参与这一部分，并将为之努力，以此增加我们的工作深度。

MAGIC.DEFRA.GOV——交互式在线地理信息系统

一个早期使用GIS开放数据的例子是英国政府网站www.magic.defra.gov。该网站建立于2002年，是一种交互式地图，用户可以从最新的政府官方资源中找到某个位置的相关信息。使用简单，无须专门的软件，可以在标准的网络浏览器中运行。

用户可以通过选择数据资料、搜索区域的边界或半径，按照设置的条件进行搜索。大量的数据集包括行政边界、指定栖息地名称、农业用地分类、指定的规划地名称、公共通行权和已列明的古迹。

用户可以保存自己创建的地图链接，或者以多种格式将搜索结果导出为地图。用户可以直接在网站访问这些基础数据，轻松地找到属于自己GIS地图。

杰弗里·杰利科（Geoffrey Jellicoe）汲取了荣格原理和现代艺术等多种思想灵感。他最著名的方案之一是位于兰尼米德的肯尼迪纪念园（Kennedy Memorial at Runnymede），这是英国为纪念这位遇刺总统而赠予美国的1英亩（约4046.86m^2）土地，整体设计对有形世界与无形世界的概念进行了探索。杰利科认为，无形世界包括寓言、象征和潜意识。因此，纪念园中有一条由花岗岩构成的阶梯式林地小径，小径上有50个台阶代表着美国各州，此外设计还参考了宗教和文学元素。

“如果你打算创作一个有寓意的景观，你千万不要在解释它的时候，把它带入理智的范围内（就像我今晚正鲁莽地这么做一样），那样做的话，寓意很容易因剖析而变得陈腐。”

杰弗里·杰利科讲师[7]

与纪念和纪念物有关的设计通常会采用象征主义手法。由西格德·莱韦伦茨（Sigurd Lewerentz）和贡纳尔·阿斯普朗德（Gunnar Asplund）设计，位于斯德哥尔摩的联合国教科文组织世界遗产斯库格墓地（Skogskyrkogården）（林地公墓），其设计源于访客的体验——哀悼之情环绕着它。墓地简单而美丽，设置了特定的地方供人进行悼念，如冥想林（Almhöjden）（一片榆树高地）。

图3.6　肯尼迪纪念园；杰弗里·杰利科爵士设计，1965年，萨里郡，兰尼米德

图3.7　通往冥想林之路，斯德哥尔摩斯库格墓地，联合国教科文组织的世界遗产。每一级阶梯的高度会随着小径路面高度而降低，减缓了访客的速度，以防他们感到疲惫，并使他们的思绪平静下来，便于在山顶的小树林里进行冥想；1917年至1940年，西格德·莱韦伦茨和贡纳尔·阿斯普朗德设计

图3.8 适用于蝴蝶和其他传粉昆虫的种植方案——采用野生动物友好型种植方案是景观建筑师为项目增值的一种方式；2014年，斯德哥尔摩罗森达尔花园

灵感来源

要在工作期间远离办公桌，抽出时间去寻找灵感似乎是一件很难办到的事，但重点是，你能意识到看似无价值的这段时间也是设计过程的一部分。常规工作之余的“放空”可能正是我们的潜意识用来整理一些构思或探寻解决方案的时间。

设计非常接近于白日梦。英国中央兰开夏大学（University of Central Lancashire）的桑迪·曼恩（Sandi Mann）博士和丽贝卡·卡德曼（Rebekah Cadman）的研究发现，短暂的无聊并不是一种完全消极的状态，反而能激发更高水平的创造力[8]。虽然也许我们不觉得短途步行或平凡的工作是多么宝贵的时光，直到当把它们从日常生活中剔除时，才如梦初醒，发现我们的创造力下降，问题变得更难解决了。

> “无聊不是最终产物，而是生活和艺术的初期阶段。在清晰的作品出现之前，你必须在旁观察过或亲身经历过无聊，就像使用过滤器一样。”

F. 斯科特·菲茨杰拉德，《崩溃》

探索各种各样的话题，了解一些当前职业之外的问题，有助于提高我们的创造力。改变工作方法，从其他领域学习一些新方法，获得一些新灵感，都可以激励我们创新。航天领域能教我们如何处理海量数据吗？数字动画行业能教我们如何有效地合作吗？毕竟他们的工作成果只是以数字形式存在，而且需要很高的周转率，他们并不会受到纸质存档问题的限制。

科技有时会分散人的注意力，可能不利于我们创作，但是，当你拥有了一个只有手掌大小的设备，在上面几乎可以获取任何信息时，这就表示我们可以快速获得连前辈们都会羡慕不已的大量灵感。播客、博客、社交媒体提供的最新信息，以及值得信赖的网站都是灵感的潜在来源，其中的某些意外收获还可以帮助我们找到解决问题的方法。

我们很少有时间来拓展我们的思维，但在设计过程中尽可能地留出更多时间去探索和思考各类选择，也有更多的机会发现灵感，比如一篇相关的在线文章或一次偶然的对话，无意间就找到了设计难题的解决方案。

增值

简报的敲定给了我们最后的机会让客户了解我们为项目做出的贡献。如果他们并不了解我们对栖息地价值、固碳或暴雨雨水管理等的贡献，这些客户就不会指派我们负责工作。让他们看到我们的付出。明确景观建筑师能为项目增值，可以保证项目取得成功，不至于白白浪费这次机会。客户可能无法充分了解我们的技能，但至少可以更清楚我们在日后工作中的潜在作用。

此外，还应该让客户和项目团队知道我们在何时为项目增加了价值。如果在项目预算中附加了额外的特色项目，我们应该阐明其益处，这样我们的工作价值就会得到认可。优秀的景观建筑，其价值往往是隐性的，因此我们需要清楚地阐明其效益，否则就不能责怪别人置若罔闻。

同样重要的是，我们需要认清自身价值——我们很容易忽视自己为项目带来的价值。我们为设计所做的降低维护成本等的细微改进，都可以增加项目的实质性价值；我们几乎是下意识地根据自己的经验和专业知识做出改进，自己也忽略了这些细节所起到的作用。我们为一个项目带来的价值应该得到社会和经济层面的认可。

维护我们的角色

在项目推进过程中，无论其他人承担的各类工作，还是未经许可就额外添加到我们职责范围的工作，确保工作角色不被混淆是十分重要的。如果项目团队中存在复杂的层级结构，角色定位很难明晰，这样会妨碍我们对工作分配有一个整体认知。

始终坚持简报内容不变可能不太现实。出现的新问题可能会推翻原先的设想，在这种情况下，我们需要修改，不是坐视不管，这样角色定位才能始终保持清晰。

专业设计领域

作为设计工作的一部分，景观建筑师要比客户或项目团队成员掌握更多的专业设计技能。

举几个方面的例子。

阿尔茨海默病患者的相关设计 | 阿尔茨海默病患者所经历的神经系统变化会影响他们对周围世界的感知，甚至是对他们行走的地面[9]。在铺砌的地面上，光与影形成明暗对比，对他们来说就好像铺设时使用了不同材料。患者也会开始混淆图形标志，比如厕所，相较于一个简单的厕所标志，使用明确的男性和女性标志代表厕所会更稳妥[10]。设计上的微小改变可以使空间更容易发挥其导航作用，对阿尔茨海默病患者更有吸引力。

公共安全｜过去10年恐怖活动的发生增加了人们对公共场所安全的关注。现在，在购物区和重要的政府大楼周围，交通路障已经司空见惯。景观建筑师应该使安全开放空间的设计符合周边的景观特点，并将各种防御设施都融入景观方案之中。案例研究4.1将深入探讨这个问题。

景观适应性｜我们的工作可以使景观更好地应对气候变化、自然灾害或人口增长等因日后的使用导致的变化。

为未来设计

鉴于所使用的材料，我们需要考虑场地的长期使用寿命，以及各元素在未来几个世纪可能会发生的变化。虽然无法预测未来，但我们应该考虑未来的变化将如何影响我们设计的方案。正如前面提到的适应性问题，考虑到气候变化的影响，要让我们的设计方案可以更好地适应高温或强降水。

既要让植物与现有的场地条件相匹配，同时也要适应未来的条件，这的确是一种挑战。也许某种植物的生长范围位于该地区的北部或南部边界，但未来可能会超出该生长范围。一个很好的例子就是选适应当地条件的水果品种，例如布伦海姆橙色苹果。不同的品种在某些地区的特定条件下才繁衍生息，如降雨或晚霜。气候变化致使气候条件不再适宜这种植物，因为生长天数、初霜或最后一次霜冻的日期都会发生变化。如果这种植物的耐受性非常差，100年后它可能就不会在该地区生长了。

图3.9　阿尔茨海默病患者很难通过光影交织的明暗空间；2019年，卡迪夫，由卡迪夫郡议会经营的Cefn Onn公园

由此强调要掌握植物生长需求的重要性，要考虑到其生长环境和所能承受的生长条件。

有幸看到一种植物在其最佳生长环境地生长是一次很有价值的学习经历，一般来说，初见植物样本，它们可能与你印象中那些茁壮成长的大树截然不同。尝试在更偏北的地方找到一棵你很熟悉的树，你会发现在更凉爽、更干燥的气候中，它会长得更大、叶子更多，抑或是在你的生活环境周围，一棵小而紧实的灌木，在降水量大的地区反而长得又大又茂密，因此我们应该反思一下是不是经常在不太理想的条件下种植植物。

相反的情况也可能发生：在其自然生态系统中发挥平衡作用的植物，被引种到更利于他们生长的新生长环境时，就会变得极具侵略性，甚至占据主导地位。由于阻遏条件有限，引种植物会严重破坏原生境地。像日本虎杖（三七）和喜马拉雅凤仙花等植物被引入英国的花园中种植，结果变成了入侵植物。

由于影响植物生长的因素很多，如生态竞争、土壤类型、健康程度、栽植深度、温度范围、降水、风速、种内竞争和空气质量等等，很难确定是哪些因素在发挥作用，但仍要引起注意，尤其要考虑气候变化的预期影响。

在未来，自动驾驶技术的应用将会对街道景观产生重大影响——我们将车辆停放在家门口，还是停放在视线范围以外的地方，然后在有需要时再启动？家庭车库会过时吗？当空车去接车主时，车流量会增加吗？还是由于节省了司机成本，公共交通工具变得更小、更灵活，使用也更为频繁，从而减少汽车数量呢？

自动驾驶汽车的发展可能会改变住房设计，就像20世纪个人汽车保有量的增加引发了郊区的设计变动一样。

图3.10　波特兰石绿化花坛和路桩，防止车辆的破坏；2018年，伦敦广播大厦

我们需要观察形势变化，并尽可能地适应这些新趋势，但是不要被尚无结论的问题分散注意力。

Chapter Four

THE DESIGN TEAM

第4章　设计团队

客户

在设计阶段，客户必须相信他们提出的概念和设置的参数已经得到了设计团队的充分理解，并且在推进过程中始终以这些概念和参数为标准。客户往往承担着项目的最大风险，他们希望依靠指定的专业人员尽其所能地降低各种风险。因此，设计团队需要抓住那些不经意的机会或利用一些新技术，帮助客户最大限度地发挥项目潜力。

与客户合作

作为客户并非易事。人们很容易忽略他们也正在努力地履行自己的角色任务，如果该项目不在客户的专业领域内，他们可能很难确定问题出在哪儿，很难表达出他们的关注点。好比身为顾客的你，遇到了工作领域之外的状况，比如修理汽车，或者紧急抢修水管，你会发现专业知识的匮乏以及解决问题的紧迫感会让你手足无措。

在工作生活中，即使像重新设计一个网站这样看似简单的事情，可能也并不容易应对。你很清楚自己的目标是什么，却并不清楚实现这个目标的成本有多高，也不了解每天实际管理运作的情况会怎样。所以，既然需要依靠景观建筑师的引导，身为客户就应该高度信任景观建筑师的专业水平。如果像重新设计网站这样相对廉价的项目都会让人感到焦虑，那设想一下作为一个大型建筑项目的客户会是怎样的感觉。

客户与景观建筑师的关系不需要多么密切，但需要彼此信任，这样项目才能取得成功。从口头描述一个想法到为立体方案创建平面图，客户需要对设计团队有足够的信心。

我们要让客户明白，越早说出他们的担忧之处越好，因为设计阶段的更改远远好于施工期间的变动。我们需要提供一种方式可以让客户表达他们的担忧，同时让客户了解到任何更改或评价都不是针对他们个人的。

客户在设计过程中的角色

客户是设计过程的中心角色，因为设计本身就是为了满足他们的需求。在英国皇家建筑师学会（Royal Institute of British Architects，简称RIBA）发布的数字工作计划概要中没有在任何阶段提及客户。整个流程只有“阶段0——策略决定”和“阶段7——使用”提到了客户问题，RIBA工作计划似乎忽略了客户的存在，但我们自己应该清楚客户的角色是十分重要的，没有客户就没有项目。

在设计过程中，一旦确定了简报，接下来客户要完成许多任务，主要内容包括以下几个方面。

图4.0 默顿边界，2014年6月，牛津，牛津大学植物园，平衡专业技能知识(我们为什么被任命)，并确保客户对结果感到满意

- 提供资料，包括有关潜在健康及安全问题的资料[1]
- 预算
- 时间表
- 决策制定和扩展程度：我们能决定什么，客户想要决定什么？
- 批准和同意
- 设置优先事项
- 审查：设计是否朝正确的方向发展？这是客户想要的吗？设计符合他们设定的标准吗？

提供信息

做假设很容易，我们可以假设客户拥有或有权开发整个场地，假设他们有权批准该项目，假设这是他们第一次参与设计。要想真正了解全部情况，我们需要询问一些基本问题，比如已经预知答案的问题，或者客户可能会提到的问题，以此来了解整个项目的情况。糟糕的情况就是，你准备规划图纸时发现客户只拥有部分场地，要尽量避免此类问题的出现。

鼓励客户提供他们拥有的全部资料，无论这些信息对他们来说多么无足轻重，但对我们来说可能会降低项目后期出现意外的风险。有些问题是客户不能或不愿告诉我们的，例如项目如何符合更多的政策限制，或者他们对场地的长期期望，这时就需要我们尽早地挖掘更多细节，从而发现可能对设计造成限制的各种问题。建立一个问题清单有助于发现问题。

信息列表

可能出现的问题包括：

- 土地所有权
- 场地通行权及协定
- 通行权和通行许可
- 地下设施
- 土壤污染
- 以往土地用途
- 过往所有权
- 项目历史记录，包括被忽略的部分
- 项目的商业案例和协议
- 项目审批
- 规划历史，包括申请前与规划当局的商讨
- 场地长期规划或期望
- “不执行任何操作”选项

预算

预算可能是项目中最大的症结之一。一些客户不愿意透露他们打算花多少钱，这使得景观建筑师不知该如何完成设计。

所有建筑项目受施工时间或选用材料质量的影响，其设计成本的区间范围可能很大。景观建筑的成本范围也是如此，一棵树，如果是幼苗，种植在空地上只需要投入少量资金，但如果是半成熟树，挖掘复杂树坑再加上采

用牵索支撑，这就需要大量资金。即便客户说自己对预算一无所知，但在迫于压力的情况下也会对所需的成本区间有些大概的想法。如果期望值不匹配，客户只希望花费景观建筑师预估的一部分成本来满足他们的需求，这样的做法不会促成项目的成功。

建筑行业的某些环节存在着这样一种“文化”，这让客户相信建筑师可以在预算不足的情况下实现他们的理想。这样会提高客户的期望，但设计只能在最终预算范围内实现其价值，所以期望必定落空。建筑师的困境在于，不愿意抬高期望值，于是坦率地告诉客户无法在预算内实现他们的目标，但这显然不是一个能赢得投标的好方法。这就是我们行业的主要弱点之一。第2章中提到的《法默评论》（*Farmer Review*）的作者马克·法默（Mark Farmer）指出，赢得建筑合同的人往往提交的是一个不切实际的价格。

预算会随着项目的推进而发生此消彼长的波动，建筑成本增加，景观预算就会被削减，也有可能因其他方面的节省，景观预算可以分配到更多资金。就如何控制预算等问题与客户达成一致是非常重要的。预算的减少有助于与客户一起决定项目设计中最需要完成的目标是什么，那么问题来了，对客户来说，按时完工最重要，还是投入更多的时间把控质量更重要呢？

在景观项目中，客户需要决定包括建植期在内的场地维护预算。一个需要精心维护的低成本方案总比一个不需要维护的奢侈方案要好得多。任何规划许可都要求有一个固定的维护期，但与方案的潜在寿命相比，强制要求的维护期通常是非常短的。一个好的维护方案应该标注所用植物和使用材料的潜在寿命，这还可以用来指导更换和接续种植等工作。对于树木来说，种植的持续时间可能需要200年，这个时间维度超出了许多客户的控制范围，但还是要着重向客户强调，我们使用的是寿命有限的活材料。

着手为一个有如此多变量和风险的项目完成最终预算，不失为一种挑战，针对应急储备比例和风险规避提出切实且谨慎的建议有助于减少预算的不确定性。

时间表

和预算一样，时间安排也很难达成一致。如果按照项目早期确定的时间表开展工作存在一定风险，那时间表可能是在审查不足的情况下随意决定的，更长远的时间表不仅会更适用，还可以节省成本，例如会有时间让承包商开出一个更好的价格，或者有更多时间储备或播种较小的植物，而不是直接在场地内铺设草皮。

关于一些关键性的时间节点，以及可以灵活调配的时间，项目团队需要与客户进行协调。向客户解释清楚一些会影响时间进度的季节性问题，如鸟类筑巢影响场地清理时间，裸根种植要选择适宜的季节，一年中可以进行栖息地调查的时间限制问题，了解这些问题可以帮助客户确定一个切实可行的时间表。讨论潜在的风险及估算实际需要花费的时间，有助于做好时间管理预期。

决策

在决策阶段，客户的角色会发生转变，他们不再解释自己的需求，而是开始做出可以满足需求的决定。通常，这两个角色将并行，当出现新的选择或限制时，客户会重新审视他们的需求。尽管采用了专业的设计团队，但随着设计的展开，客户仍需做出许多决策，而且每个决策都会影响到成本和质量。

景观建筑师需要敦促客户尽早地表达出他们的担忧。这种习惯似乎很难养成，原因在于，如果出现的问题超出了客户的专业领域，他们可能无法将担忧之处清楚地表述出来。回想一下你曾经作为客户，也会有知识结构失衡的情况，你可能知道你的车运行得不尽如人意，却看不出具体的故障，不知道从哪儿入手检查车辆状况，就算去做昂贵的车辆检测，你还是会担心发现不出故障所在。客户就处于类似的困境之中，但承担的风险价值要高得多。景观建筑师需要与客户建立一种关系，在这种关系中，评论和修改不会增加客户的成本，也不会冒犯到建筑师。

与客户合作，要预先告知他们需要做出的决策数量和性质，然后制定一个有效的流程来管理这些决策，利用好

IF THIS THEN THAT 网站

If This Then That（IFTTT）网站是一个免费的自动化网络平台，允许用户连接数百个不同的应用程序和设备，创建自动运行的组合[2]。主要针对本土用户，IFTTT可以连接到项目管理和协作工具，如Basecamp、Slack和Trello等软件，以及其他在线工具，包括Google Docs在线办公软件和Dropbox在线工具。用户根据特定条件创建小程序。小程序可能会自动备份你手机上的照片，或者在天气良好时给你发送电子邮件，便于规划LVIAs。

使用IFTTT网站可以创建一个易于使用的自动化系统，记录决策。小程序可以设定的内容如下。

- 如果我收到一条带有“决策”标签的短信，请将其保存到Google电子表格中
- 如果我收到某人发来的主题含有“决策”一词的电子邮件，请将其保存到Dropbox中
- 如果我收到一封含有“决策”一词的电子邮件，请将其发布在Slack的决策群中

IFTTT网站还可以帮助现场工作人员记录工作完成情况。结束一天的工作时，他们可以发送短信来记录当天完成的工作，或将照片保存到Trello的问题列表中。IFTTT小程序甚至可以连接一些支持网络互联的设备，如气象站和灌溉系统，从而实现局部自动化灌溉。

这个时间会事半功倍。商定客户所做决策的级别、决策授权程度可以减少客户的查询次数。他们是想要批复每个细节，还是乐于批准构思？他们对植物的选择有什么特别的想法吗？了解客户的能力和工作模式，以及他们喜欢的沟通方式，有助于制定一个适用于各方的审批系统。

在初期阶段就与我们的客户商定沟通方式，那么在出现问题时客户就能做到及时提出问题。沟通可以通过在线项目管理系统、共享电子表格、每周的电子邮件、即时通信应用，甚至是短信来实现。管理系统需要适用于整个团队，同时在系统中创建一个记录，该记录在决策有争议时可供回溯参考。既要求客户能做到及时反馈，又要求获得的反馈足以用来创建客户满意的方案，我们需要在这两者之间找到一个平衡点。

如果我们成为复杂的分包咨询体系中的一部分，沟通管理的难度会有所增加，因为我们需要与代表客户行事的其他人进行业务往来。这很难建立起一种可以畅所欲言的客户关系，因此我们需要找到一种有效沟通的方式，了解客户的需求。

如同其他工作一样，定期检查工作流程是一个明智之举，试着寻找使常规任务简化或自动化的方法。随着技术的不断进步与发展，曾经只有那些拥有软件开发人员的大公司才能享受到的服务，如今已经对大众市场开放，甚至有时是免费的。

优先事项

客户将决定项目的优先事项。永远不要替客户假设事项的优先级，举例来说，我们以为一个公共部门的客户可能想要的是最低成本方案，但他们关注的却是包括维护在内的整个周期成本，甚至愿意增加前期支出以降低后期负债的可能。再比如，客户可能有一个不可更改的时间表，那对他们来说，时间的优先级别是最高的。只有通过与客户的事前讨论，我们才会知道哪些是优先事项。

信息及其更新

前面我们讨论了如何跟踪决策。此外，我们还需要制定信息管理流程，包括信息的更新。数据管理是建筑信息模型（BIM）的主要功能之一，目的是使用公共数据环境（CDE）来集中存储和控制所有项目文档[3]。在建筑行业，由于使用错误版本的平面图引发各种问题是一个普遍现象。想要提升我们的行业形象，同时交付客户认可的方案，我们就需要对文件发布等基本流程进行管理。

管理图纸可以简单得像管理一个基本电子表格一样，我们发布电子版图纸之前进行复制就可以了。使用数字化管理，不仅可以实现自动控制文档，还可以在项目团队内共享这些信息。

图4.1　接续种植，新树木由木材护林员保护，2014年，白金汉郡斯托花园

审查

启动项目并设置参数后，客户必然会审查是否取得了一定进展，以及是否达到了他们期望的标准。由于早已确定了预期标准，所以从一开始就有一份优秀的简报会使各方的审查工作更易于进行。定期更新准确的信息，便于客户评估进度、审批工作。客户可能正在接受他们的经理或董事会的审查，因此要适当调整所提供的信息，以便保证所有参与项目的监督人员得到的是一份正确且详细的信息。

客户与设计师的关系

关于客户与设计师关系，以及如何有效培养这种关系的研究很少。作为我们工作的核心部分，二者之间的关系还是值得进一步研究的。英国皇家建筑师学会发布了《客户对建筑师的看法——2016年“与建筑师合作”客户调查结果》报告，咨询了近1000名客户发现：

- 总体而言，英国有76%的私人客户、73%的商业客户和51%的承包商对其项目“非常”或“相当”满意
- 英国61%的私人客户、56%的商业客户和30%的承包商对建筑师的过程管理表现“非常”或“相当”满意[4]

然而，撰写报告时，并没有提出任何指导方针或新政策来帮助提升满意度。

对于大多数项目来说，更好地理解客户与设计师之间的关系可以减少误解，有助于创建更好的项目简报，提高客户满意度，防止纠纷的发生。

我们的培训，包括我们的专业资格认证中的考核内容，往往侧重于解决实际性的问题，如讲述立法、健康和安全常识或如何创建合同流程。在职业生涯发展的道路上，我们有必要学习如项目管理和沟通技巧等技能，这些技能可以帮助我们更有效地与客户进行合作。

与客户共享设计

景观设计是立体的而且其元素会随着时间的推移而发生变化，不是仅凭平面图就可以表达清楚的。带有复杂等高线的挖方和填方平面图，这些都很难诠释。如前所述，平面图的功能是从人的头脑中提取出一个想法，总结概况后，其他人要以最接近原创者想法的方式将其展示出来。

有些问题总是难以抉择，如何展示设计？以什么样的细节展示？在哪个阶段展示？我们需要权衡阐明一个设计理念要花费的时间，毕竟该理念取决于项目的时间进度和分配到的费用，我们要确保客户明白阐述内容的必要性。阐述设计理念时，我们可以为客户提供不同版本的设计方案，可以展示一些种植风格或街道设备风格的图片，以及在团队会议时用于讨论的功能性更强的规划。

为同一设计创建不同版本展示方案，需要强大的技术支撑。在绘图软件中，为不同版本创建单独的平面图时，

可以使用相同的底层设计数据，然后再针对不同版本进行个性化定制。

使用同样的绘图软件也可以通过3D代理服务器展示场地周边的景象。结果既可以呈现为固定的2D平面图，也可以使用虚拟现实技术（VR），使观看者在虚拟场地中移动观看。

设计定稿

设计接近完成时，发现问题的难度也随之增加。在初期阶段，出现问题是不可避免的，随着这些问题得以纠正，随后出现的问题就很难下定论了。客户对设计的满意度永远无法达到100%，因为总是存在一些无法逾越的限制因素，或者预算根本就不足以实现他们的理想场景。在设计定稿前与客户讨论项目中哪些方面的问题是他们优先考虑的，或者是否有一些问题是他们可以妥协的，这些探讨将有助于简化后期的管理工作。对于没有固定时间表的私人项目，客户可能打算一直将项目进行到贴近他们的理想方案，但对于预算有限、时间紧迫的商业项目，他们更讲求实效。

尽管客户渴望达成他们的理想目标，但我们不能无止境地修改，所以在某些时候我们需要提供一个解决方案。试图保证我们头脑中的东西尽可能地接近客户的想法，当然了，没有一个设计是绝对完美的。

谷歌实境教学（GOOGLE EXPEDITIONS）

创建一个虚拟景观所需的技术成本在持续下降，这就表示其适用范围已扩展到小型团体组织。Google Expeditions项目就是一个有趣的例子，它是一个专门针对教学的虚拟现实应用程序[5]。利用平板电脑和手机，教师可以带学生到珊瑚礁和马丘比丘（Machu Picchu）等各类地点进行虚拟实地考察。老师引导学生在平板电脑上通过一系列360°图像和3D图像，在虚拟环境中完成教学重点。手机安装在支架上充当虚拟现实查看设备，可以视为虚拟现实头盔的低成本替代品，还为持有者设计了虚拟景象可重叠的选项。

2018年，该项目在英国学校进行了测试，学生可以免费试用该技术[6]。Google Expeditions可以链接到谷歌街景和谷歌地球等谷歌VR项目。系统使用实景影像，因此同样的技术也可以用于查看计算机生成的内容，如CAD软件输出的文件。

考虑到在课堂上已经可以利用科技轻松实现虚拟现实体验，也就是说类似的技术也可以应用于小规模的景观项目中。无论是用360°视频记录实景考察，还是带客户参观我们的设计，技术的进步可以帮助我们创造出更好的设计。

用来呈现我们设计的方式可以像画铅笔草图一样简单，也可以像3D沉浸式漫游一样复杂。我们要技巧性地去平衡细节的适宜程度与时间的合理程度。过度地付出意味着我们赚取利润的减少，例如创建的复杂平面图超出了工程的需要。提供公众咨询服务时可能需要的是一张全彩色的平面图，但在图纸上决定一个要素的位置只需要简单的线条。无论我们使用什么方法，它都只是达到目的的一种手段，是允许我们做出决策的一种工具。

然而，无论我们在设计中投入了多少心血，项目始终都是客户的。这是不言而喻的，但由于项目周期过长或缺乏与客户的直接接触，可能有些建筑师会忽略这一事实。客户设定参数，我们在这些参数内找到解决方案。然而随着设计的推进，出于一些功能需求或者建筑师自我意识的影响，设计很容易偏离最初的需求。设计阶段结束时，应该再次核对我们的设计是否真的满足了客户的原始需求。我们在客户的理念中加入了自己的想法和经验，但要清醒地认识到项目从来都不是我们的。

项目

在编制项目简报的过程中，我们必须讨论并确定项目设计是否达到公认标准。如果已经做出了决定，那么可以使用的材料或工艺可能会受到限制，从而对设计决策产生连锁影响。如果设计决策没有按照公认标准来执行，客户和项目团队会进一步提高项目标准，这不仅仅是为了遵守法律，还是出于项目在环境和社会上产生影响的考虑。

材料及采购

材料的选择取决于成本、性能、实用性等一系列因素。在选择材料时，我们还需要考虑它们在建造、维护和处理过程中的长期影响。景观项目的周期很长，但仍有可能在某一时刻，需要重新打造一个新方案，那这时我们选择的材料会怎么样呢？我们是将环境问题留到日后，还是即刻解决它呢？

一些认证标准，如“生命建筑挑战”标准，对材料有着严格的标准要求[7]。目前满足这些标准范围的景观材料有限，这会限制设计的选择，好处是会激发创意。在没有环境限制的情况下，选择变多了，但也可能产生一些严重影响。在项目团队内部商定大家都认可的材料和工艺，有利于明确整个团队将遵循的标准。

客户希望根据企业社会责任（CSR）政策审查他们的项目，以确保项目与政策目标之间没有冲突。面对那些对声誉风险持谨慎态度或有不良风评的客户，在选择材料时需要进行更严格的审查。审查内容包括材料来源、生产流程、原产国、安全性、对环境的影响，甚至要审查是否与犯罪活动之间有关联。供应链复杂是建筑行业的典型特征，所以很难追溯其材料来源。不管怎样，我们需要对供应商进行咨询，要求获取更多我们指定的产品及其生产方面的相关信息，努力提高透明度和采购标准。

图4.2　不可修复塑料栏杆在无遮挡的位置上受热下垂又凝固，正确选择能够承受场地条件的材料是我们工作的一个重要部分，2013年，牛津郡，迪考特市

图4.3　如果仔细规划，廉价的材料也可以发挥良好的作用，2012年伦敦奥林匹克公园的混凝土台阶，2012年，伦敦，斯特拉特福德

日后哪些材料将被禁止，哪些工作将变得不再重要，虽然难以预测，但我们可以监控舆情或进行调研。“高度关注物质”候选清单（SVHC）[8]是一份有用的参考标准。然而，即便制造商能够提供成分及其来源清单，但可惜我们不是化学家，确切了解材料的化学成分对我们来说是一项挑战。国际生活未来研究所（ILFI）持有一份“建筑行业最差材料”的红色清单，主要关注材料在食物链中造成的生物积累性问题，以及材料对建筑工人、工厂工人、环境的影响[9]。

该研究所还支持“认证”标签制度，该制度规定了产品的产地、原料和使用寿命到期后的去向[10]。在撰写本书时，仅有少量景观产品得到认证，但此认证可以作为一个鼓励制造商努力达成的目标。

作为一个项目团队，我们需要与客户协商方案中哪些材料是可以被接受的。共同探讨材料问题，清楚我们工作背后的潜在影响，这样我们就可以自行对材料和工作方法设限，也就是在什么情况下做出哪种选择是由我们自己决定。如果材料持久耐用，仅仅需要有限的维护，并且在项目结束后可以重复使用，那有可能我们会欣然指定某种具有一定不良影响的产品，然而我们不会将该材料用于只存在几周的临时展示园项目。哪些材料或做法我们永远都不会同意使用？我们受任前就向客户交代清楚这些问题了吗?如果客户固执己见，我们会退出项目吗?

循环经济与最终用途

优秀的设计可以极大程度地减少浪费，降低对环境的影响，同时为客户节省资金。废物通常是项目的隐性成本，比如处置未使用的那部分材料，或是从场地内清除一些具有内在价值的现有材料，还有把需要处理掉的材料送往垃圾填埋场所支付的费用等[11]。

项目最开始启动时就应该考虑到材料的寿命问题。即使是像景观方案这样（但愿是）长期存在的项目，在设计时就考虑到最终结果也是一种常规操作，如此一来我们就不会因为材料的选择而把相关问题留到日后。

“制造—使用—处置”的传统模式是不可持续的。我们要尽量延长资源的使用时间，发挥其最大价值，并在使用寿命结束时做到回收或再生利用。循环经济这一理念旨在解决产品和材料的短期寿命问题，不仅权衡购买成本，更是考虑到整个使用周期的成本费用。同时希望以此来协调客户与供应商之间的时间匹配问题。

对于一个景观项目来说，不同元素之间的废弃时间不尽相同，在整个场地废弃之前的很长一段时间内，像寿命较短的灌木、街道设施或照明设备都需要持续更换或维修。设计阶段就应该考虑如何处理这些寿命到期的组成部分。

那些可以修复无须更换的元件，刚开始使用时会觉得价格过于昂贵，但可以降低整体使用寿命的成本。有些材

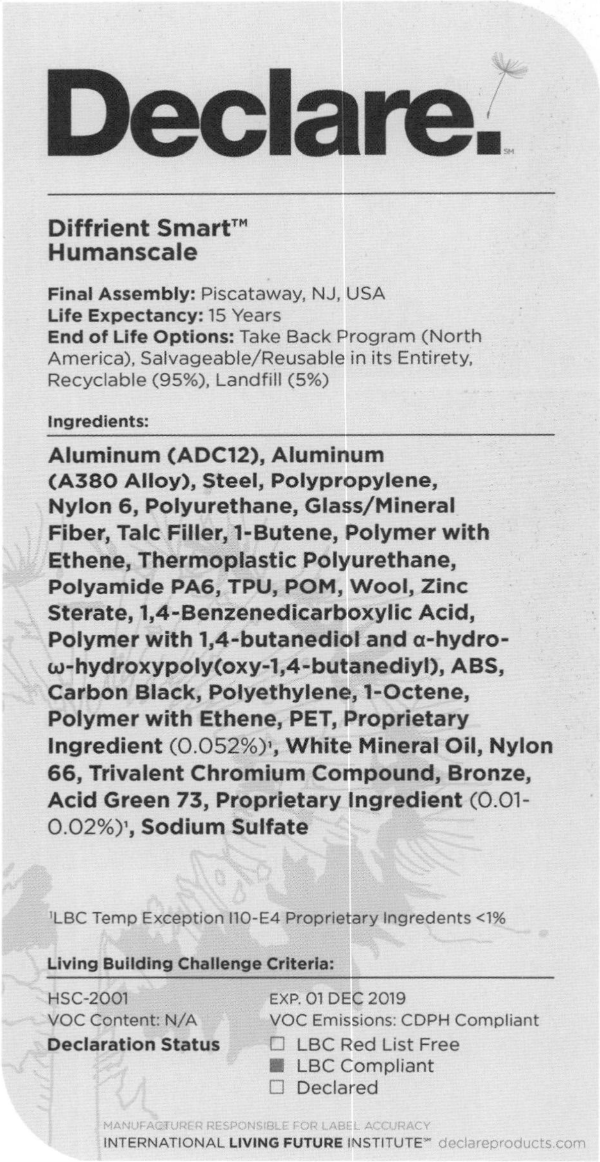

Declare.℠

Diffrient Smart™
Humanscale

Final Assembly: Piscataway, NJ, USA
Life Expectancy: 15 Years
End of Life Options: Take Back Program (North America), Salvageable/Reusable in its Entirety, Recyclable (95%), Landfill (5%)

Ingredients:

Aluminum (ADC12), Aluminum (A380 Alloy), Steel, Polypropylene, Nylon 6, Polyurethane, Glass/Mineral Fiber, Talc Filler, 1-Butene, Polymer with Ethene, Thermoplastic Polyurethane, Polyamide PA6, TPU, POM, Wool, Zinc Sterate, 1,4-Benzenedicarboxylic Acid, Polymer with 1,4-butanediol and α-hydro-ω-hydroxypoly(oxy-1,4-butanediyl), ABS, Carbon Black, Polyethylene, 1-Octene, Polymer with Ethene, PET, Proprietary Ingredient (0.052%)[1]**, White Mineral Oil, Nylon 66, Trivalent Chromium Compound, Bronze, Acid Green 73, Proprietary Ingredient** (0.01-0.02%)[1]**, Sodium Sulfate**

[1]LBC Temp Exception I10-E4 Proprietary Ingredients <1%

Living Building Challenge Criteria:

HSC-2001
VOC Content: N/A
Declaration Status

EXP. 01 DEC 2019
VOC Emissions: CDPH Compliant
☐ LBC Red List Free
■ LBC Compliant
☐ Declared

MANUFACTURER RESPONSIBLE FOR LABEL ACCURACY
INTERNATIONAL **LIVING FUTURE** INSTITUTE℠ declareproducts.com

图4.4 Diffrient Smart™ 人体工学椅的“认证”标签，英国首批“认证”产品之一，希望包括景观行业在内的更多产品效仿这一创新范例

循环经济

家用洗衣机就是一个客户与制造商服务时间不匹配的好例子，消费者会选择保修期有限、耗能低，更经济实惠的洗衣机，而制造商则希望生产更耐用、更高效，但许多人负担不起费用的洗衣机。

按照循环经济模式，制造商将根据使用情况向客户收取费用，要么按洗涤次数付费，要么租用洗衣机，当然租期会比一般的保修期更长。这样可以用更长的时间来分摊成本，还可以涵盖所有的服务成本，而且制造商还可以实现保值回收。制造商当然有理由设计可维修的机器，不仅可以进行产品升级，更可以实现多次租赁。

荷兰RAU建筑事务所的建筑师托马斯·劳（Thomas Rau）在装修阿姆斯特丹的办公室时，运用了循环经济原则。RAU与照明供应商飞利浦合作，不安装照明设备，而是决定购买“照明服务”。RAU没有进行一次性购买，而是采用“卖光，不卖灯”（pay per lux）模式，飞利浦保留设备所有权，在其使用寿命结束时提供维护和回收。为RAU定制的照明系统经过优化升级，与自然光结合实现照度均匀性，并能调节不同区域的补光[12]。

这两个案例研究都来自艾伦·麦克阿瑟基金会。该基金会由艾伦·麦克阿瑟爵士(Dame Ellen MacArthur)创立，她是环球航行速度最快的单人航海家，也是英国最成功的航海家。该基金会为建筑师提供指导支持，也提供一些案例研究。他们的网站https：//www.circulardesignguide.com/，还提供在线工具和免费的流程模板，让建筑师了解更多关于循环设计的概念。

料，如钢铁、铺路的天然石材或石板瓦，都非常耐用，可以在以后的项目中回收再利用。“生命建筑挑战”提倡，提升材料的使用周期要好于使用可再回收的材料。根据材料的类型，回收并非总是一个好的废弃方案，因为每次回收后，材料的质量通常会下降，对这类材料而言，只不过是延迟了去往垃圾填埋场的时间。

那些只有短期目标而没有长远打算的客户，因为场地的关系可能不想采取这种方式，但作为专业人士，我们至少应该为影响后代的每一个决定负责。

伊丽莎白女王奥林匹克公园资产处置合同

2012年伦敦申奥的核心部分就是可持续性设计，赛后场地被改造成了一个地区性规模的再生场地。转型阶段需要拆除临时道路，缩窄道路和桥梁，改变土地用途。这个改造可能会造成一定程度的浪费，但起初一些精心的设计兼顾了该场地重复使用的问题。建筑结构的设计易于缩小其规模，桥梁上的木质板材不是用钉子或胶水固定，而是用螺丝固定便于拆除，临时桥梁被转移到新的固定地点。

针对赛后材料的再利用管理问题订立了一份资产处置合同，其中还包括资产出售或与当地社区共享。再利用的示例包括：

- 英国田径队对热身跑道的再利用：跑道铺设时没采用柏油路面，以便各行赛道可吊起移动
- 捐赠给当地滑板公园的灯柱
- 木制树木种植槽：从桥梁的临时构件上取下的木材改造成了种植槽，随着场地的开发，这些种植槽可以作为短期景观在场地周围随意移动

该合同虽然取得了成功，但也暴露出一些资产处置方面的问题，如需要对拆卸下来的物品进行看管，需要存放这些物品的空间，与社区签订协议条款，需要将资产分配给资源有限的团队等问题。无论如何，该合同确实证明了如果从一开始就考虑到了最终使用目标，那么该目标还是有望实现的。

异地制造

在异地工厂制造建筑配件往往可以达到更高的质量水平，并且可以抵御恶劣天气的影响。还可以利用不同于所在地的劳动力市场，将工作转移到发展水平低但技能水平高的地区。

地质耐受性

虽然方案中的一些构件可以异地制造，但球场或游戏区等场地内的部分需要遵循标准进行布局，植物对地理环境的耐受性是景观建筑的特征之一。一栋建筑可以建在各种各样的地方且符合该地的环境条件，比如住房开发商的标准住房，但是景观方案只适用于非常特定的位置。土壤类型、气候、海拔、地形、光照、场地的形状等因素都意味着每一个方案都是定制的。我们选择的混合植物可能无法在场地附近的多风地带存活，或者无法在不同类型的土壤上存活。有些工作人员已经习惯于使用不受条件限制的预制组件，他们可能很难理解景观建筑组件的特殊性。

有些景观建筑师在没有参观场地的情况下就着手设计方

案，出现这种情况缘于他们并没有完全理解现场调查工作的意义所在，这种不专业的做法容易忽略设计时需要评估的大量因素，而且这些因素都是每个场地特有的。也有一些例外，比如有些场地因为太危险而无法进行实地调查，这时可以依靠第三方调查或遥感信息收集现场资料，但这种情况并不常见。景观建筑师需要考虑的因素包括如下。

- 土壤的类型、酸碱度、排水、健康、污染等情况
- 气候：风、高温、曝光度
- 坡向：坡度、光照条件、霜穴
- 噪声：自然的、人为的、正面的、负面的
- 盛行风
- 土地用途：历史用途和潜在污染、未来用途
- 水流和循环
- 环境：文化方面、历史方面、景观背景
- 光照变化
- 极致生境类型
- 视觉影响

图4.5　异地制造并不是一个新兴概念，石柱是在采石场的岩石上雕刻出来，然后移到景观内的，希腊科斯的阿斯克勒皮翁（Asklepeion）

我们工作的场地是独一无二的，为了保证设计方案符合其条件限制，需要对场地进行仔细剖析。我们为项目所选择的材料和方法会带来巨大影响，有时这些影响甚至远超方案本身。在设计阶段就考虑到以上因素可以将长期影响降至最低。质疑现有的技术，以长远的眼光看问题，能够促使我们正视项目的整个生命周期成本。也许客户并不执着于解决这个问题，但至少我们可以向他们强调其中的潜在危害，为他们的选择提出一些建议。

项目团队

一个表现不佳的项目团队不大可能促成一个成功的项目。我们很难去定义所谓的“表现不佳”，尤其当团队成员的期望各不相同时。对一些团队成员来说，他们的愿望可能简单到不用回复邮件或电话，对其他人来说，可能是期待着获得行业奖项，有些人则不想牵扯纠纷，不希望项目最终是在法庭上“竣工”的。

不了解其他团队成员工作的复杂性会引发很多问题，未被注意到的微小变化会产生连锁反应，这些问题不是一朝一夕就能解决的。表现不佳可能体现在，超过约定的工期、对询问不予理会，也可能是一些更微妙的迹象，如隐瞒信息，甚至在与客户的讨论中不支持其他团队成员。

不同的设计风格，完成简报的不同方式方法都会引发各种问题，当然沟通不畅也会导致问题的出现。

协作和团队合作

在不太复杂的项目中我们不需要成为团队的一部分，可以直接与客户打交道，但即便是小型项目，生态学家或测量员等其他专业人士通常也会参与进来。决定项目团队的构成并不总是一帆风顺的。景观建筑师可以组建并领导团队，那么我们就是项目的核心角色。在其他情况下，景观建筑师可能只是不需要参与核心团队的分包顾问。作为项目团队的外围成员，这就表示你无法得到决策的全部背景资料，甚至在决策过程中被忽视。

花些时间与项目团队面对面沟通，让团队充分了解你的身份以及所扮演的角色。与此同时，你也可以掌握其他专业人员在项目中的位置，那么出现相应问题时就能及时与他们取得联系。

团队选择

组建一支拥有精准专业技能，能充分理解客户意图，且团结一致的工作团队，这是项目成功的重要步骤。一个杂乱无章的团队也有可能做出一个好项目，但工作过程可想而知，其内部矛盾必然会阻碍工作进展。

对于小型或短期项目，这些弊端勉强可以接受，不值得花时间分析团队构成，但对于那些需要数年时间完成的项目，我们要考虑评估项目团队的内部协作。基于专业技能和经验进行委任的同时，也要考虑每个人在团队中的工作表现。了解成员的性格类型和沟通风格，能帮助你察觉他们之间可能存在的问题，甚至可以帮助选择团队成员[13]。一个绝佳的项目团队不局限于所有团队成员必须和睦相处，有研究表明，一定程度的冲突有助于提高绩效，但前提是，彼此间需要建立一定程度的信任，至少是不失礼貌的，这样才有效。

促进良好沟通，使决策过程清晰化可以提高团队的工作效率，不过在组建团队时，难免还会有些侥幸心理。就算是团队中表现良好的人，若是工作上受到委屈，也可能会变得具有防御性，或者因为一些个人情况，如身体不适，感到疲惫不堪，这时热情的人可能会变得十分冷漠。我们不能奢望一个团队始终运转良好，如果问题过于严重，一个看似和谐的团队会即刻分崩离析。当然，只要各方齐心协力，避免产生分歧，适当的压力反而会让团队更加团结。

在选择团队成员时，声誉是一个重要的参考因素。不仅要考虑个人声誉，还要考虑团队、组织，甚至是职业声誉。针对此都需要对其进行谨慎评判。一个机构可能会成为无良媒体的报道对象，因为不实报道而影响声誉，或者一家公司花费大笔资金来夸大营销他们的职业技能，从而打造业绩优良、声誉极佳的假象。凭借对他们声誉的认知程度，也许我们会从一开始就怀疑团队成员的能力，那我们恐怕也很难认同他们的观点。若是组织层面就享有良好的声誉，在价值观和行为准则上也能达成一致，并且做到相互理解，那么信任就会自然而然地传递到组织内的每个人身上。

团队需要极高的信任感，好比军队依靠高水平的互动来了解每个人的能力[14]。军人经常远离朋友和家人，一起生活和工作，这样可以培养出一种在高压情况下进行速记的能力。虽然建筑项目团队的工作不需要如此密切配合，也不需要做出什么高风险的决策，但互动可以帮助团队成员了解彼此的能力，有助于建立对彼此的信任。

重组一支过去业绩出色的团队可谓是如虎添翼，但并不能作为成功的保障，因为当一个人的假设不受任何质疑的时候，那么个人偏好就有可能占据主导地位，或者会带来一些自满情绪，个人主义会影响整个团队的工作。

团队合作难免会存在一些隐藏缺陷，但组建一支富有创造力和才华的项目团队可能是我们工作中最具价值的部分之一。

团队精神

一个团队无须拥有军队那般的信任度，但是行为标准和价值观必须合理地保持一致，这样团队才能有效协作。军队要求，一个指令必须传达一个明确的目标，即便这样也会存在一些隐性因素，如果价值观不同，也会阻碍指令的执行。因此，了解个人、组织和他们的专业水准有利于确定我们对一些行为的容忍程度。

制定职业行为准则或公司政策，可以让团队其他成员清楚地知道你所树立的价值观。也可以将基本价值观融入任命条款中，例如英国景观学会发布的《景观顾问任命书》，其中就有建议付款期限为14天的条款，但仍会出现某些意外情况。可能对工作质量合格与否存在意见分歧，或者对于项目的优先次序存在态度分歧。

团队精神可以涉及如何公平地召开会议、如何分配工作、对团队成员的要求、谁有权接触客户、团队内的平等性或可信度等等。

团队认知偏差

团队可能会觉得自己是在为客户的最大利益工作，需要当心这种认知偏差，某种情况下，坚持毫无理据的偏好或信念，将导致决策失误。项目团队需要考虑的认知偏差包括：

确认偏差 | 倾向于支持已坚信的信息，无视那些与自身

培养团队精神，为故事服务

当我们着眼于如何提高团队绩效时，我们可以从看似不相关的资源中吸取一些经验教训。例如即兴喜剧中使用的创作技巧。一群人在喜剧舞台上，伴随着某种压力即兴表演一套动作，这时某些规则可以促使表演取得成功。在完全没有剧本的情况下，每个表演者都要绝对信任其他表演者。这种技巧要求每个人都为故事服务，如果一个表演者为下一个表演者设置了他无法完成的场景，那么整个团队的表演就都失败了，所以每个动作、每句台词都必须撑起整个故事。有些表演者可能喜欢炫技，或者和特定喜剧演员搭档，但是这种即兴创作，只有在他们都坚持同一基本原则的情况下，才能完成表演。作家、沟通培训师兼喜剧演员的瑞安·米勒（Ryan Millar）运营自己的喜剧工作坊时使用了这一理念。

“（大家围成一圈即兴表演时）我曾一直逼迫参与者们重复使用介词，你能感到他们有明显的愤怒情绪。我迫使其他人在做决定时心生恐惧。他们要么担心自己表演得不够好，要么反过来担心别人对自己的要求过于苛刻。这两种担忧本来是出于对个人处境的优先考虑。但是，在表演的情境中，没有人真正关心个人处境：他们真的不关心。他们只想讲好一个故事。

如果你只会用‘the’和‘an’这样的词，那就这样吧。你的这种‘可怜可怜我’的态度对任何人都没有帮助，也起不到任何作用。决定成功或失败的唯一标准是故事是否优秀，就是这样，那才是真正重要的。如果你觉得有责任想出一些影响故事走向的东西……好吧，再说一次：这与你无关，只于故事有关。所以，只要说的话对这个故事有意义，那么任务就完成！

这种观念上的转变虽小，但意义重大。对一部分人来说，这只是一个微不足道的转变，其实是对他们理解出来的、某些深层次观念的一种肯定。对另一部分人来说，这是对自我和个性的挑战。不管有多难，还是那句话：为故事服务。”[15]

把“故事”换成“项目”，你就为项目团队提供了一条实用的规则。

观点相冲突的信息。这就意味着决策是不客观的，也没有参考现有的全部信息。

乐观偏差｜对项目参数，包括成本、工期和交付的收益过于乐观。过于乐观地预估将导致目标无法实现。英国财政部文件《绿皮书评估和评价指南》对这一偏差提供了有益指导，其中包括一张表格，用于调整土木工程和建筑项目中成本与工期的乐观偏差。

自私偏差｜提供的信息是为了维持或提升自尊，如夸大进步或能力水平。这样的话决策就不是依据准确信息做出的，对存在的问题也只是轻描淡写地一带而过。

信息偏差 | 在做决定之前，即使是无用功，人们还是倾向于收集更多信息。这会推延决策时间进而产生额外成本。

群体内偏差 | 人们倾向于支持他们所属群体的成员。从最简单的层面上说，这种偏差阻断了群体与“圈外”的合作，最极端的情况则表现为歧视或偏见。

近期偏差 | 倾向于把重点放在近期事件上，忽略长期发展趋势。

群体思维偏差 | 受到团队运作理念和行为的影响。进而形成了一种错误的共识，又因为团队成员已极具凝聚力，这种共识很难被撼动。

盲点偏差 | 无法辨别和弥补的偏差。

计划谬误 | 在规划未来任务或项目时，倾向于对时间、成本、成功的可能性做出过度乐观的预测。其动机可能是因为希望赢得投标或希望看到项目完成。

沉没成本谬误 | 倾向于根据已经投入且无法收回的成本（时间、精力或金钱）做出决策。造成承诺升级，使得我们没有在最佳时机放弃或改变项目方向，而是继续错下去。

克服偏差

正如服务于精英体育的精神病学家史蒂夫·彼得斯（Steve Peters）教授在《黑猩猩悖论》一书中指出的那样，认知偏差是很难察觉的。彼得斯作为英国自行车队选手的表演教练，他认为我们有一个可以理性处理问题的人类大脑，与我们自己的“黑猩猩”大脑不同，“黑猩猩”大脑会根据我们自认为正确的模式得出结论，有时依据的假设可能并不准确[16]。这些行为与我们的成功进化有关，帮助作为狩猎采集者的我们得以生存，但在现代世界中，尤其是当我们需要做出影响深远的理性决定时，“黑猩猩”大脑对我们并没有帮助。当我们进入“黑猩猩”模式时，高涨的情绪或高压的情况会增加产生偏差的风险。

事前分析 | 项目团队可以试着想象项目已经失败，然后回溯一下可能引发失败的原因。若情况允许，在工作计划中列入应对这些情况的适当应急措施。这种方法为成员们营造了一种可能遭遇挫折的环境。事前分析可能帮我们发现，一年中建议植树的时间却是植物存储量较低的时候。为了缓解这一问题，团队需要比计划更早地储备植物库存，降低无法在正确时间找到正确材料的风险。

红队联盟 | 这是一种利用外部团队挑战内部团队的设想和计划。红方团队与项目没有任何利益联系，因此没有必要为推进项目付出任何努力或投资。这种方法常用于军事和航空部门。红队也许能够发现项目团队所忽略的风险，或者提醒团队某些微不足道的风险占用了他们过多的注意

力。

决策树｜用户通过一个预先建立的定义路径来做决策。每个步骤都有一个“是/否”的选项，每个步骤都有相应的标准。目的是在决策过程中排除情感因素。用户通过决策树推演他们的决策过程。这种方法常用于医学领域，可以提供一些现行实践结论，有助于抵消压力和疲劳给医生带来的影响。曾经有一个病例，最终决策树帮助医生决定是否为头部受伤的孩子进行头部扫描。利用决策树可以更好地决定哪些项目值得进行，更好地评价一个团队表现如何，或者帮助我们决定什么时候应该放弃一个项目。

角色

除非我们是项目中唯一的建筑师，否则与他人合作完成设计是必然的。为了有效地合作，我们需要明确自身角色。即使是像道路边线这样简单的内容，也会涉及许多专业人士，他们都要为决策的不同方面做出考量。确定向谁咨询、如何做出这些决策以及如何达成共识，三者是协作过程的重要组成部分。

制定职责矩阵有助于对各自的工作进行界定，出现问题可以清楚知道向谁咨询。作为景观建筑师，如果发现一条地下管线被改后要穿过一个树坑，会感到气愤，因为改道的人根本没有考虑他的决定对景观建筑造成的潜在影响。明确角色定义、掌握必要信息有助于降低此类错误的风险。

随着项目的推进，有必要检查角色的履行情况，或是，如果项目中途发生了重大变故，那这些角色是否仍然适用。大家遵循各自的角色了吗？是有人打扰了我们的工作，还是我们打扰了其他人？我们是真的在合作还是在竞争？

访问客户

如果需要一位团队成员向客户报告，可能是首席顾问，那么项目团队的其他成员应该确信情况将被如实地反映给客户。可以接触到客户的那个人可能会多了一些权力优势。如果他们表现得自私自利，想宣传自己的观点或掩盖某项错误，他们可能会滥用这种优势。从另一个角度来看，与客户保持单一的联系点可以避免信息冲突，可以最有效地利用他们的时间。客户需要一个明晰的报告制度，而且反映上来的情况要尽可能地真实。

协作案例

在英国建筑行业，人们就合作的益处达成了共识，一定程度上受到了莱瑟姆（Latham）、伊根（Egan）和法

表4.1　设计职责矩阵，以RIBA工作计划工具箱中的矩阵为基础，显示设计阶段的特点

表4.1 设计职责矩阵

设计环节		阶段2——概念设计			阶段3——开发设计			阶段4——技术设计		
		设计团队			设计团队			设计团队		
分类	标题	设计责任	细节等级(LOD)	信息等级(LOI)	设计责任	细节等级(LOD)	信息等级(LOI)	设计责任	细节等级(LOD)	信息等级(LOI)
Ss_15土方工程										
Ss_15_10_30	挖掘填充系统	景观建筑师	2	2	景观建筑师	3	3	土木工程师	4	4
Ss_15_10_31	树木周围土方填筑系统	园艺学家	2	2	景观建筑师	3	3	景观建筑师	4	4
Ss_30顶层、表层和铺面										
Ss_30_14_05	沥青路面铺装系统	景观建筑师	2	2	景观建筑师	3	3	景观建筑师	4	4
Ss_30_14_80	级配碎石路面铺装系统	景观建筑师	2	2	景观建筑师	3	3	景观建筑师	4	4
Ss_37隧道、竖井、容器和塔架系统										
Ss_37_16_65	池塘与湿地系统	土木工程师	2	2	景观建筑师	3	3	景观建筑师	4	4
Ss_45动植物系统										
Ss_45_10_95	植被控制系统	景观建筑师	2	2	景观建筑师	3	3	景观建筑师	4	4
Ss_45_30_05	水生和湿地种植系统	景观建筑师	2	2	景观建筑师	3	3	景观建筑师	4	4
Ss_45_35_05	美化和观赏种植系统	景观建筑师	2	2	景观建筑师	3	3	景观建筑师	4	4
Ss_45_35_30	林地、生物质、树篱和路边种植系统	景观建筑师	2	2	景观建筑师	3	3	景观建筑师	4	4
Ss_45_35_30_62	坑栽乔木和灌木系统	景观建筑师	2	3	景观建筑师	3	3	园艺学家	4	4
Ss_45_35_45	草坪和草地种植系统	景观建筑师	2	4	景观建筑师	3	4	生态学家	4	4
Ss_50处理系统										
Ss_50_70_85	可持续排水系统	土木工程师	2	2	景观建筑师	3	2	景观建筑师	4	4

分类丨使用了Uniclass 2015，这是建筑行业，包括景观建筑在内的通用分类，使用代码层次结构对信息进行分类。

细节等级(LOD)丨图形化信息等级。第2级树是一个简单的图形，不分物种或大小，而第4级将是一个图形，可能是一个横截面，要有足够的技术细节用于招标和施工。

信息等级（LOI）丨非图形信息等级。第2级树描述的是树木及其种植的表面，而第4级将包括足够的技术细节用于招标和施工。

默（Farmer）研究结果的影响。此前，行业内部处于一种敌对状态，所有权的争论和损害赔偿事件更凸显了行业冲突的常态性，现在该行业已朝着不那么激烈的方向发展。

协作与BIM

协作是建筑信息模型（BIM）基本原则的核心内容。沟通技术、文档管理和变更管理方法都鼓励并要求协同工作。为了确保所有通信和决策都是开放共享的，将其都保存在一个协作数据空间中，即通用数据环境（CDE）。例如可互相操作的文件格式，BIM将每个设计师的作品都包含在一个3D数字模型中，这是首次实现整个团队实时看到他们的作品组合。此共享模型可用于检测设计中的相互冲突的部分，例如公共服务区域穿过了一些树坑或标高不匹配等问题。利用BIM完成工作对景观建筑师来说存在一定的难度，因为我们使用的组件不适合整齐的分类，植物存量也是不可预测的，可能数量在项目生命周期内还会有所增长，但该技术的潜在收益是巨大的，同时让我们感受到在项目团队协作中没有等级划分。

另外一个难点是景观建筑师不愿意对建筑的数字模型进行地理定位，一般团队会设一个定位点，但并不能与精确的位置相链接，如英国地形测量局的网格点。其他常见问题，不止BIM，很多模型都是参照建筑的方位，用图纸去匹配建筑的方向，而不是保持原始的北在上的指示方向。对于大多数设计团队来说，这不是什么问题，但对于景观建筑师来说却是个大问题，他们十分关注阳光和阴影的区域，需要将方案置于更广阔的环境中。

无论如何，BIM仍然为景观建筑师提供了极大的帮助，好处颇多，比如在CAD图纸和动态图纸中命名可以保持一致，随着制图技术的发展，还可以自动计算植物数量和铺设面积。利用三维可视化技术，让客户更好地了解我们的设计，这是我们专业的一大进步。《风景园林BIM应用》（*BIM for Landscape*）一书更是深入地阐述了景观建筑师如何在工作中应用BIM[17]。

设计和项目团队会议

团队沟通和监测进展的传统方式是，定期与整个项目团队，或仅与设计团队成员举行面对面会谈。一般默认为每月召开一次会议，理想情况下会提前安排好会议日程，这样可以更好地根据项目时间表做出决策，协调工作。

面对面会谈是一个与其他团队成员互动的机会，但需要调整大家的时间，异地差旅算是做出了“小小牺牲”。视频会议系统的升级，可以实现屏幕共享，使参加远程会议成为一个又实用又经济的选择，国际景观建筑师已普遍使用。不亲自参加会议可能会错过一些会议之外的非正式讨论，但如果会议组织得好，会议期间就可以直接做出决策并完成准确的汇报。
出席会议有时会在不经意间让项目蒙受损失。如果项目

管理费用增加

你愿意为餐馆里的番茄酱支付额外的费用吗？你认为它已经和盐、胡椒一起包含在成本中，还是可以接受它需要额外付费？大多数食物及其价格都清楚地列在菜单上，配菜等附加食物都会列出额外费用，但有些食物处于灰色地带。你觉得自来水属于灰色地带吗？在下一位顾客到来之前，你能在你的桌子前待多久呢？

我们的客户也面临着类似的困境，我们可能会把额外条目视为追加成本，但他们可能会认为这已经包含在之前的费用报价中了。如果我们没有解释报价范围，就会出现与预期不符的情况。在为管理费用报价时，我们需要清晰地列出包含的项目，不包含哪些额外项目，以及这些项目的成本是多少。

我们可以查阅过去的项目汲取经验，还要在开会时为费用报价留出充足的时间，也可以充分利用电子邮件和文书工作等行政手段，这些都可以帮助我们更清楚地了解时间都花费在哪儿了，并且有助于提高日后报价的准确性。

我们还要明白，更改截止日期可能会产生额外的费用。需要谨慎对待为了解释时间表的变化而追加的费用，我们可能会将追加成本视为一种要挟的手段，不知不觉间让客户放弃更改时间的念想。不想改动时间表的原因也包括一些非财务因素，例如不想给设计团队带来额外的压力，或者是我们知道缩短时间会导致质量的下降。一旦选择了为时间变更追加费用，成全了客户，可原本用作要挟的手段却成了我们加班加点工作的代价。

追加成本需要在产生之前就向客户解释清楚并达成一致。管理上，也许面对我们喜欢与之合作的长期客户，会允许一定比例的支出超出合同报价，但这种经营决策一定要经过深思熟虑，避免逐步或意外地陷入亏损。

超支，景观建筑师要完成的文件数量并不会增加，但额外出席的、不包括在费用报价中的那些会议在迅速消耗我们的利润。明智的做法是在费用报价中说明召开会议的次数和额外工作的费率，如需要参加额外会议。同样，要认真核查项目所花费的时间，因为需要解决一些紧急问题时，很难就额外费用达成一致。

采购

正如《法默评论》所示，建筑行业的采购存在根本性缺陷。最基本的流程通常是发布标书，评估提交的标书，然后将项目授予最低竞标者。如果，项目实际成本与投标时所提供的价格之间出现差额，客户必须补足资金。

合同条款有助于解决上述问题，同时制定解决价格纠纷的规程，但最终大部分风险还是由客户承担，因为项目一旦开始，他们就会不遗余力地去完成。BIM等创新技术能够自动创建详细的进度表，并在区域发生变化时也随之更新，可以形成更准确的时间表，从而提高成本计算的精准度。如果3D模型是作为BIM流程的一部分创建的，则可以在虚拟平台对设计进行测试，检查设计冲突，这样就可以帮助客户在方案提交到现场之前详细核查方案内容。实时成本计算属于BIM预测阶段的功能之一，被称为5D BIM。在图纸和模型中加入智能元素，这些元素附有可供识别的数据，可以做到实时估算我们的设计成本。

工作表现

在项目团队中商定好绩效标准就可以清楚地知道哪些情况没有达标。客户拥有最终的决定权，如果他们对团队成员的表现不满意，可以将该人或该公司从项目中除名。这是较为激进的一步，因为可能会导致延期或成本增加等连锁反应，问题在于负面结果已经一目了然，尽管做出了足够多的解释或纠正，结果仍未改变，那除名就是正确的一步。若是对问题背后的原因不予理会，仍坚持与一个表现欠佳的团队一起工作，该项目不大可能成功。

想要项目团队完成统一且唯一的设计，就必须进行组织和协调工作。了解客户的需求、良好的合作和有效的沟通是项目成功的良好基础。

与其他专业学科之间达成协作关系，这并不代表其他成员就认同我们在项目中的角色，甚至当我们总是赞同其他成员的观点时，所谓的“达成共识”通常被当成是一种妥协。我们既要说服客户相信我们的工作能力，也要说服项目团队相信我们工作的价值。

广泛群体

我们的项目不是孤立存在的。景观建筑师的绝大部分工作，要么被广泛群体所使用，要么至少对他们会产生一定影响。景观建筑的乐趣之一就是，我们的许多工作会对广泛群体使用的公共空间、新生境、宜居住宅区等等产生一些积极的影响，带去明显的好处。公众不是客户，无法参与到设计过程中，但专业建筑师应该考虑我们的设计将对广泛群体造成多大的影响。在一些客户看来，如事业单位或慈善机构，当地社区的需求应该成为设计的核心。而新商业区的开发商等其他客户，更在乎对用地者的管理。

在设计阶段，对项目有一个更清晰的认识，可以帮助我们与外部组织和可能受到影响的机构进行磋商。如果我们的项目需要规划许可或其他批文，各部门会对预计产生的影响进行检测。

对于社区项目，咨询活动属于我们职权范围的一部分，

图4.6 沿着路肩边缘设置的“猪鼻子”金属栓，用于阻碍滑板爱好者，2019年，牛津，弗丽德丝维德广场（Frideswide Square）

图4.7 门口角落的防排尿结构，2018年，伦敦白厅门

我们要根据社区的要求和期望对设计进行调研。

敌意设计

敌意设计是一种阻止人们以某种方式使用公共空间的方法。可能是故意让人觉得不舒服的长椅，为防止人们露宿街头，在桥下放置巨石，也可能是窗台边缘增设尖刺，或者为阻碍人们在路肩玩滑板，沿着结构边缘设置“猪鼻子”螺栓[18]。有些设计特征相对明显，如尖刺，但有些则比较含蓄，比如用播放音乐的方式会影响特定年龄段或想睡觉的人的睡眠质量。

敌意设计不是新兴概念。早在维多利亚时代的伦敦，防小便装置就被安置在许多受随意撒尿者欢迎的小巷里。这些低矮而又凸出的斜面结构可以使尿液远离墙壁，并反弹到脚上。

许多情况下，引入敌意设计可以让那些在职的公园管理员、保安们稍微放松一些，不需要时刻保持警惕，或者直接针对社区本身。最初采用这种设计的原因就是出于实际需求，比如减少犯罪或反社会行为。然而，这些措施是无差别的，难免会让残疾人、老年人和儿童等使用者在公共空间感到不适。

安全

设计的安全性也是景观建筑师工作的一部分，我们应该确保空间使用者的安全。因此要仔细考虑安全措施的级别、可见性和适当性，并探讨所有备选方案。安全措施必须与环境相称，首先不必要的安全措施会增加成本，其次大量明显的安全措施会无意中成为贫困地区的标志。因为，在富裕地区，安全的边界可能是一堵漂亮的砖墙，或是维多利亚时期的铁艺栏杆，形式相对隐蔽。在不太富裕的地区，同样的边界可能会用焊接网板或尖顶金属栅栏，无意中向人们发出一个信号:这不是一个应该逗留的地方，但是出入人员的减少反而减少了监管的工作量。

“……即一些人的活动吸引另外一些人，对于城市规划者和城市建筑设计师而言似乎是不可理解的。他们的理论前提是城市人追求的是那种空荡的、明显的秩序和静谧感。没有什么比这更加不切实际了。城市中大量人口的存在应该作为一个事实得到确确实实的接受，而且应该将这种存在当作一种资源来对待和使用。”[19]

简·雅各布斯，《美国大城市的生与死》

2012年伦敦奥运会的“设计即安全”战略，由奥运会预防犯罪小组负责监督，其目标是“利用巧妙但完整的安全规划措施，向人们提供一个美丽的场馆和公园”。旨

图4.8　人们在夏末的阳光下共享公共开放空间，2018年，伦敦罗素广场

在阻止犯罪的安全措施包括闭路电视、照明、围栏和植被等，既可以进行常规监控，也可以利用自然监控。自然监控体现在主路沿线的植被被修剪到一个较低的水平高度，围栏上清晰的条纹使它们看上去十分显眼。“英国堡垒”的报告指出，过于明显的安全措施会引发人们对安全的担忧[20]。在某些情况下设置得过于明显是故意为之，如军事场所或需要警戒的边境口岸。然而，不合时宜的安全级别会增加城市地区的军事化氛围，或者暗示着该地区犯罪风险较大。景观建筑师需要谨慎权衡遏制反社会或犯罪行为与创造友好、包容的公共空间二者之间的关系。

咨询还是展示？

与广泛群体分享我们的作品时，我们需要明确在进行咨询还是在展示。探讨真正的咨询结果可能会改变设计内容。在过程中修改还为时不晚，建筑师也十分愿意接受相关人员的想法。如果此时设计已经完成，没有更改的可能性了，那么这就是在展示，而不是项目咨询活动。

如果一个方案已经敲定，需要进一步说明其效益和潜在影响；如果只需要一个解决方案就可以解决诸如食品风险等技术问题；如果咨询结束时需要将最终设计分享出来：以上这些情况，我们才需要有一个可供展示的地方。在咨询活动中，不要询问那些会有损我们专业形象的问题，例如不会带来任何影响的象征性问题，或是关于某个元素的颜色或图案等琐碎问题，因为在咨询工作完成后，这种工作影响还会在遍访过的社区持续一段时间。而且这种使信任度降低的负面印象会影响到下一个要进行咨询的组织。

真正的咨询可以让设计团队充分了解一个场地的背景环境，那些更深入了解场地的人所提供的信息总好过于客户能提供的。就像地方政府的一名新员工，他可能不知道一个用于举办狂欢节的场地需要配备允许重型车辆通过的复杂通道。利益相关团队可以私下使用场地进行咨询。无论是在公开活动中还是作为个人与社区交流，都有助于我们有一个真实深入的了解，使我们的方案更具备可持续性，不会与广泛群体的需求相抵触。

要想知道现存景观发生过哪些变化，最佳方式之一是实地咨询。与传统的正式咨询活动相比，站在那儿，与使用该空间的人进行交谈，是获得更具代表性观点的好方法。这种形式可能在市郊绿地或偏远地区不太实用，但还是可以摆上一张桌子，为愿意停下来聊聊的人提供一杯热饮，虽然地上没有铺设正式的展示地毯，进行的也是随性的一对一谈话，却可以帮助你获得更多信息，这些信息是那些参加会后活动的自组团队永远不会透露的。

如果不能在场地内举办咨询活动，那么至少应该选择一个可以吸引不同人群的地点，如购物中心或健康中心，也可以成为某些受欢迎的大型活动的一部分，如当地的表演或节日。要是因为大多数人都在工作或在尽职尽责地照顾其他人而不方便接受咨询，于是索性就在出入不便的楼宇或公共网络上举行活动，那我们听到的观点就不那么真实，不那么具有代表性。

供应链与现代奴隶制

我们工作所产生的影响远远超出了场地本身。我们选定的材料就像生活中的多数产品一样，来自世界各地。我们的智能手机所使用的材料含有一种稀土矿物，这种矿物材料大多都来自冲突地区或一些工作条件恶劣的地区[21]。建筑行业典型且复杂的供应链致使我们很难追踪产品的供应链，除非我们选择的产品经过标签系统认证（见图4.4），否则我们不大可能知道单个组件的来源、生产制造所涉及的条件或生产过程对环境造成的影响。

恶劣的工作模式已成为一个世界性问题，其极端程度被描述为现代社会的奴隶制度。负责移民、安全、法律与秩序的英国内政部估计，2013年英国有1万至1.3万名“奴役受害者”[22]。国际劳工组织推断，“全世界每千人中就有3人被困在受胁迫或欺骗的工作中，而且无法脱离”[23]。

现代奴隶制是指以极端暴力进行威胁，强迫人们进行工作的一种行为。现代奴隶制的受害者具有以下一个或多个特征：

- 通过对他们或其家人精神上或肉体上的威胁，强迫受害者工作
- “雇主”通过精神或身体虐待，强行占有或控制受害者
- 非人道的，被当作商品或作为财产进行买卖
- 失去人身自由，或者因身份证件被扣押而行动自由受到限制
- 工资极少甚至没有，或者以“偿还”受害者的债务为由强迫他们工作[24]

图4.9　用咖啡车为参与咨询者提供免费饮料；瑟尔沃尔特许景观设计咨询公司为英国国家自行车网及步行和自行车慈善机构Sustrans开展的公众咨询活动，2014年，雷丁

私有公共空间

在过去的10年里，英国出现了一种向私有公共空间发展的趋势，该空间通常会成为场地重新开发的一部分。与其他公共空间不同，这里不能擅自进入，所有者还可以设限禁止公众抗议或拍照等行为。

与私人开发商合作，就算得不到公共资助，他们也可以提供开放空间，但要切记，商业土地所有者的目的是保护他们场地的商业利益，而不是提供公共服务。

我们为谁设计？

制作简报时，我们还应讨论一下场地面向的目标人群。对于一个私人项目，我们应该亲自了解目标人群的情况，这样才能创造出一个尽可能适合他们的景观。大多数情况下，场地的目标人群处于一种未知状态，因此我们一般参考中间人群进行设计。虽然整体设计无法如出一辙，但包含在设计中的各个元素，如长凳或扶手，甚至是一个容器，总会有一个大小适宜的选择。

英国皇家特许建造学会（CIOB）的现代奴隶制工作

对许多英国人来说，他们第一次了解到现代奴隶制是在2004年，当时英国媒体全面报道了23名在莫克姆湾(Morecambe Bay)工作的中国采贝工人死亡事件[25]，工人们为非法进入英国支付了巨额费用。但抵达后，他们的护照被没收，被迫生活在一个狭小的空间内。

悲剧发生后，英国出台了如《现代奴隶法案》（2015年）等一系列法律法规试图解决此类问题。该法案规定英国企业需要对其供应链进行风险评估，但仅限于年营业额超过3600万英镑的公司。

虽然法律没有对小型公司提出评估要求，但法律义务并不是唯一准绳，如果我们忽视此类问题，会在不知不觉中成为侵犯人权者的同谋，从而危及我们和客户的声誉。在建筑行业，复杂的跨境供应链、多层采购和碎片化的招聘模式，三者结合只会继续掩盖剥削劳工的事实。

“建筑业的供应链错综复杂，遍布各国和各大洲，为剥削和侵犯人权提供了最佳摇篮。”[26]

2016年，为了支持杜绝不平等劳动的倡议活动运动，CIOB发布了《构建更公平的制度：解决建筑供应链中的现代奴隶制问题》报告[27]。该报告受到国际特赦组织、扶贫工程和反奴隶问题独立专员办公室（英国）等众多组织的支持，阐释了现代奴隶制在建筑行业产生的缘由，研究了一些具体的行业案例。其中一个案例提到了一家总部位于英国的硬质景观制造商的供应链，该制造商在其供应链中发现了童工，并努力解决了该问题[28]。报告还提供了一个目录，涉及一些有帮助的组织、网站和相关资源[29]。

当人们穿过我们设计的场地时，有些人会认为整体设计是最佳的——路面平整不至于让他们轻易摔倒，他们可以在信号灯允许的时间内过马路，照明水平十分理想，数量充足、高度适宜的长椅。如果一个人觉得走路容易，高度适中，视觉上和听觉上都很完美，不用担心走路趔趄，他会认为大部分空间都是容易通过的。

不属于最佳使用范围的方案都会降低人们的空间移动效率，想想那些左撇子，他们生活在这个以右撇子为中心的世界里，手柄布局也好，售票机也好，通常是为右撇子用户设计的。偏离最佳设计的每一步都会使用户的体验感变差，比如在空间内移动时需要频繁地休息，或者空间内存在视觉缺陷让人感到不舒服。

我们对所有公共景观的设计目标都应该是尽可能消除所有障碍。

斯德哥尔摩——一座适合所有人生活的城市

1999年，瑞典首都斯德哥尔摩制定了到2010年成为世界上最便捷首都的目标。该目标进一步扩大，打算到2030年成为“一个无社交障碍和物质障碍的、开放安全的中心城市”[30]。该城市的公共交通、公共场所、零售和住宿以及信息宣传活动都已得到改善。该方案的基本指导方针是联合国《残疾人权利公约》。[31]

《残疾人权利公约》（2006年）

第一条——宗旨

本公约的宗旨是促进、保护和确保所有残疾人充分和平等地享有一切人权和基本自由，并促进对残疾人固有尊严的尊重。残疾人包括肢体、精神、智力或感官有长期损伤的人，这些损伤与各种障碍相互作用，可能阻碍残疾人在与他人平等的基础上充分和切实地参与社会。

自确定目标以来，全市开展相关工作，改善了公共交通、街道布局和公共开放空间。

具体改进方面包括：

- 人行横道：路口设有路肩和坡道，为视障人士提供了明晰的导航边缘，为方便轮椅使用者设置了专门的进出通道。十字路口信号装置会发出低沉的蜂鸣声，提醒视力障碍者不能过马路，可以通过马路时，蜂鸣声则会变得急促。放置在路面上的盲道钉可以引导视力障碍者行进[32]。到2010年，已有5200个路口改用斯德哥尔摩模式[33]
- 路面设计：采用统一的盲道，铺设在整个十字路口的路面上，以及接近十字路口的沿街路面
- 阶梯式通道：在第一级和最后一级台阶上都添加了高对比度标记，必要时安设室外电梯和可以拆除的台阶，便于视力障碍者使用
- 公共厕所：患有某些疾病的人需要更方便地使用公共厕所。对厕所的供给情况进行了评估，可以让这类人群在参观这座城市时放心使用

图4.10　斯德哥尔摩路口——盲道上的下降式路肩和阶梯式路肩，2005年，斯德哥尔摩

图4.11　材料的选择影响空间使用者——使用耐候钢（Corte）材料的地面在潮湿天气存在滑倒的危险，2015年，英国

马斯林-克林顿需求信封

舒马赫可持续系统研究所（Schumacher Institute for Sustainable Systems）的史蒂夫·马斯林（Steve Maslin）和迈克尔·克林顿（Michael Clinton）已经发现了消除障碍的可能性，克林顿在航空领域的背景对他们有所启发，确定了理论原则并提出了无障碍设计理论。

作为建筑师和访问顾问，马斯林的经验十分丰富，他专注于营造有利于心灵成长的友好型环境，而克林顿身为航空工程师和研究员的工作，有利于深化他们的概念。

在飞机生产过程中，设计者试图探索设计当下飞机所处的性能范围，即设计的边界，如空速、负载和导致发动机失速或其他故障条件。马斯林-克林顿的“需求信封”(Envelope of Need)利用相同原则来探索设计内部空间和外部空间。“信封”这个概念用来比喻可以设计的范围，试图在“信封”中尽可能地容纳用户需求。

在景观建筑中，我们无法进行精确的性能测试，但我们可以利用马斯林-克林顿“需求信封”的概念来测试我们的设计。哪些目标人群在信封内？哪些会排除在外，是否已经尝试了修改目标范围的每一种选择？也许我们会以地形过于有挑战性、过低的预算、较短的工期为借口，排除部分人群，但进行周密的设计是可以克服这些限制的。一个设计有时不需要解决某些例外情况，是因为设计本身就缺乏需求。没有访问需求的人自然也不会前往场地，那为什么要为其改善准入权限呢？他们忽略了一点，其实往往存在着一种隐性需求，一种未被满足的需求，只有当障碍消除时这种需求才会显露出来。

如果我们的设计只是符合大多数场地的使用需求，我们很难察觉某类用户会遇到的难题。联想一下自己的经历更容易理解这类问题，比如照顾孩子的时候，或是与使用轮椅的人一同旅行，你是否会有一些特殊需求，只有在与潜在用户交流后，或者周围环境发生某种变化时，我们才可能意识到那些隐性障碍的存在。在许多国

表4.2　马斯林-克林顿的需求信封

为每一种感官列出一系列考虑因素，根据这些考虑因素对每项设计进行评估。

感官	应考虑的感官需求
移动性	轮椅使用者、助步器使用者、有平衡问题的人、不能休息的情况下行走有限的人
视觉	无视力，隧道视觉，低对比度照明的问题
听力	无听力、耳鸣、平衡和听力问题
新陈代谢	温度，对食物的需求，使用厕所设施
神经系统	不会因环境引发不必要的神经症状，如铺路图案的视觉干扰

为满足每种需求建设一个设计响应，其中一些响应适用于多种需求。

设计响应	描述	解决方案
个人后勤	用户前往场地前应提供的信息，包括旅行路线、福利设施、行程安排和所有预订项目的详细信息	以数字或纸质形式提供的抵达前所需信息，如路线描述、照片或360°视频。该信息应包括对表面、坡度、距离和设施邻近度的描述，便于用户决定他们是否可以前往该站点。为用户提供路径选项
易读性	标志	适用于有视觉障碍和神经系统疾病的人的清晰标志
清晰度	包括路线、远景和导向标识的清晰度，以及用户所处空间的视觉和听觉清晰度	改变这些空间是设计的一部分，以满足不同的体验，但如餐饮空间和信息服务点公共空间，声光电等条件的清晰度应适合所有用户
环境心理学	神经学考量、意义与隐喻	确保没有阻碍用户使用空间的特征，例如引发不必要神经症状的特征，或负面的视觉提示，例如冒犯性的徽章或标志
人体工程学	为用户设计适合他们的空间	了解潜在用户的需求，在选择街道设施、厕所设施和扶手等物品时考虑这些需求

伦敦2012——为访问者提供无障碍信息

对于残疾的访问者来说，计划前往一个新地点可能会很复杂。如果不能自行前往，就不得不预约援助，请求帮助又会使他们感到尴尬。场地无障碍策略应该预想到残疾访问者可能遇到问题，并为其提供尽可能多的信息。对场地进行分类或分级并不可取，因为每个访问者都有独特的需求，所以最好提供详细的信息，让访问者自行判断场地的访问程度。[34]

2012年伦敦奥运会的目标之一是“消除态度和环境上的障碍，这些障碍会造成不合时宜的辛劳、分离或特殊待遇。无障碍将使每个人——不分能力、年龄、性别或信仰——都能平等、自信、独立选择且有尊严地参与”。[35]

London2012.com网站为访问者提供了清晰而详细的信息，他们可以制定出行计划，安排他们所需要的帮助。场地内的“无障碍”区域提供了一系列内容信息，包括：

- 停车：访问者可以通过2012年伦敦奥运会的网站预订一个带有蓝色标记的停车位[36]
- 无障碍出行：为残疾人提供的额外服务，包括无障碍穿梭巴士，以及改善某些公共交通设施
- 比赛场地间移动：在场地内为观众提供协助，包括租借轮椅和为视力障碍者提供引导
- 厕所设施，包括更衣室(成人更衣室)
- 援助犬消费区
- 如何获取观众信息，包括易读格式、音频描述和解说

家，立法规定了准入的最低标准，如英国的《平等法案》（*Equality Act*）和美国的《建筑物障碍法案》（Architectural Barriers Act），但这些法案提出的仅仅是最低要求。在缺少国家立法的情况下，《残疾人权利公约》是解决此类问题的有益基点[37]。

需要考虑的隐性障碍包括：

标牌 | 标牌是否适用于那些视觉障碍者或阿尔茨海默病患者？图案标识是否可以更合适？

路面材料和图案 | 我们选择的设计是否会对那些患有神经类疾病的人造成视觉障碍？

休息点 | 是否在固定间距内设有提供休息的地方？可以

谷歌地图——无障碍路线运动

2017年，英国学生贝琳达·布拉德利（Belinda Bradley）发起了一项在线请愿，要求谷歌创建轮椅友好型地图，此前她与使用轮椅的母亲一起艰难地完成了一次伦敦旅行。这份请愿书获得了大量支持，在掀起了一番全国性报道后，谷歌对此做出了回应[38]。

贝琳达希望访问用户能够像其他旅行者一样使用相同的地图软件，而不需要下载单独的应用程序，她与谷歌合作创建了一个解决方案。功能开发仍处于初期阶段，在撰写本文时，该功能仅在伦敦、纽约、东京、墨西哥城、波士顿和悉尼可用，谷歌表示将会继续与各交通机构合作，改善包括车站内的街景图像等数据信息。这项工作还得到了当地导游团体的支持，团体志愿者甚至可以用他们记录的社区数据换取小额奖励。

任何拥有谷歌账户的人都可以成为当地导游，只要是谷歌地图上列出的景观图景，就可以添加为访问信息。

默认情况下，轮椅无障碍路线不会显示，需要通过选项进行设置，因此仍需加大力度宣传该功能，这是迫于用户压力改善项目的一个很好的例子。

图4.12　通用设计如果不加以维护，其用途将十分有限——破损和杂草丛生的盲道，2013年，牛津郡迪科特

是座椅，也可以是一些花坛边缘或立柱旁边等休憩特征不太明显的地方。这些可以为行走困难的人提供一个可依靠、可短暂停留的地方[39]。

路线描述｜当游客进入环形路线时，比如在公园里，是否清楚路线环境？提供诸如距离、路面、坡度、光照水平和休息点等信息，用户就可以自行决定合适的路线。提供方式包括标牌、印刷的手册、可下载使用的手册或音频文件。

文化信号｜是否设有巧妙的提示，暗示该景观只适合特定类型的用户，或者某些提示被误认为有冒犯的嫌疑?

健康与福利

众所周知，户外活动有益身心健康，作为景观建筑师，我们一直致力于提升高质量开放空间的价值。然而在某些设计案例中，仅凭健康这一个略显简单或未经证实的理由，很容易削弱我们提倡充分利用开放空间的合理性。1984年，来自宾夕法尼亚州一家郊区医院的罗杰·乌尔里奇（Roger Ulrich）教授进行了一项著名研究，该研究作为参考文献被大量引用。研究结果表明，将一张病床放置在可以看见自然环境的位置，对病人“可能会产生恢复性影响”[40]。这篇重要论文的确论证了视野不同在患者恢复时间上呈现出一定的差异，但论文涉及的患者都只是在病床上透过窗户观察环境，因此就提出无障碍开放空间的问题，不足以成为其有力论据。需要注意的是，研究时间只针对一年中树木有叶子的时候，而且研究对象也只针对没有严重并发症的患者。

论文指出，“该结论不能推及所有建筑视角上，也不能推及其他患者群体中，比如长期住院的患者，他们的困扰并不是手术带来的焦虑感，就是单纯地处于情绪低唤醒状态或厌烦情绪中。也许对一个长期处于消极状态的病人来说，一个城市热闹的街景，比自然景观更能刺激他的感官，更具治疗作用。尽管存在一些不足之处，但研究结果表明医院的设计和选址应该考虑病人窗口视野的优良性”。

这项朴实又不失深思熟虑的研究，其主要目的是改善医院的设计，却已成为论证自然环境和治疗之间联系的权威性证据。乌尔里希教授是医院设计方面的世界权威，也是在临床环境中提供自然环境的倡导者。然而，他的一些研究却反驳了这一观点——1993年瑞典乌普萨拉大学医院的后续研究，使用的论据不是从窗口瞭望的视野景象，而是一些景观风景照片[41]。

使用和享受开放空间具有某种文化和社会层面的复杂性，很难利用经验进行对比，也很难言明其益处。参观公园时每个游客的体验都是不同的。绿色空间对健康有益的观点虽然得到了研究结果的支持，但很难建立因果关系。

2011年发表于《公共卫生杂志》（*Journal of Public Health*）的一篇关于城市绿地对健康是否有益的论文综述得出结论，“缺乏证据表明身体、心理健康、幸福感与城市绿地之间存在联系”。质量和无障碍性等环境因素影响着绿色空间在体育活动上的使用性。年龄、性别、种族、安全观念等用户因素也起到一定的决定性作用。除此之外，许多研究也不乏设计不完善、未排除混淆因素、存在偏差或反向因果关系、统计关联薄弱等负面限制。[42]

乌尔里希的窗外景色

研究人员查阅了1972年至1981年间，在宾夕法尼亚州一家郊区医院接受胆囊切除术的患者康复记录，试图验证将他们分配到一个在窗口能看到自然环境的房间是否会对恢复有影响。23名术后患者被分配到窗户面向自然景观的房间，他们住院时间较短，护士记录中收到的负面评价较少，相较于被分配到类似房间，但窗户面向砖墙的23名匹配患者，前者服用的强力镇痛药也更少。

假设有一项研究表明较低的卒中死亡率与较高的环境绿色等级之间成正相关。尽管研究为体育活动对健康有益提供了强有力的证据，而体育活动程度与使用绿地之间的关联尚不明确——如果有绿地，人们会更乐于使用，但开放空间提供的只是一个锻炼的机会，并不是健康受益的原因。

2016年世界卫生组织（WHO）发布了《城市绿地与健康——证据综述》报告，强调了绿地的作用以及提供锻炼和玩耍的契机。世界卫生组织欧洲区域已认识到了提供绿地的重要性，并承诺“……到2020年，为每个儿童提供健康安全的环境，提供他们可以步行或骑自行车去幼儿园、学校的日常生活环境，提供用于玩耍和进行体育活动的绿地”。[43]

联合国2015年制定了“到2030年，向所有人，特别是妇女、儿童、老年人和残障人群，普遍提供安全、包容、无障碍、绿色的公共空间”的目标，成为联合国17项可持续发展目标的一部分，该目标得到150多位领导人的采纳。[44]

城市绿地与健康

“城市绿地，在广阔的自然环境中起到承上启下的作用，有可能以预防的方式解决“上游”的健康问题——它被认为是相较于简单处理健康不良的“下游”后果更有效的方法。”[45]

2016年《城市绿地与健康——证据综述》报告

我们着实需要证明景观建筑工作大有裨益，但绝不能依赖毫无根据的研究，或是简单地将提供开放空间视为一种有利可图的商业服务，如果通过其他方式也能获取同样的商业利益，那么同样的理由也可能对我们不利。这不是反对提供开放空间或提倡户外活动——恰恰相反，我们是全力支持的。

2009年，获大英帝国官佐勋章（OBE）的保罗·埃金斯（Paul Ekins）教授在一次探讨生态系统服务和人类福祉的会议上提出了自己的观点[46]。作为伦敦大学学院可持续资源研究所资源与环境政策教授，埃金斯教授提醒环境领域的专业人士，应该借鉴一些法律和医学等其他领域的实例，对提供健康福利或保留生境做出更专业的解释。他认为，人权、正义和民主等问题远比经济更为重要。法律部门是从道德而非财务的角度出发，我们都知道，追诉法律案件是因为社会认为这样做在道德上是正确的，而不是为了节省或追回款项。教授担心的是，倘若过于强调经济价值，人们开始以降低成本却大肆破坏环境的手段来创造福利，这就是对自身论点的反驳。单从经济角度讨论环境问题，就会存在沦为交易的风险。

感官认知

欣赏风景是一种感官体验。许多感官体验是令人愉悦的，也是许多人追寻的，如花香或流水声，但每个人对感官刺激的反应不同。对于一些用户来说，大多数人觉得愉快的体验，反而会让他们感到不适，甚至难以忍受。

身为建筑师，我们需要试着调控用户的感官体验，若条件允许，还可以给予用户对体验的选择权，赋予他们对环境的控制权。针对某些用户，发掘那些隐藏的负面影响有助于改善我们的空间设计，有些时候许多用户会产生一些不易察觉的负面体验感，因此一个对感官更为友好的设计方案可以降低这种负面影响。对孤独症患者这类非典型神经发育者都行之有效的方法，更何况普通用户呢？

图4.13　复杂的路面图案是很不错，却给那些患有神经疾病的人带来困扰，2018年，英国

感觉

孩童时代，我们就学习过视觉、听觉、触觉、味觉和嗅觉这五种基本感官，而在建筑师看来其他隐藏的感官也同样重要。与普通人相比，对世界有不同感官认知的人可能会觉得我们景观内的导航并不好用，整个场地参观起来也很不舒服。

前庭｜负责反应头部位置变动的情况，维持身体平衡的感官系统。它使我们感知到在空间中的体位变化，让我们对运动和方向保持清晰的认知。

本体感受 | 我们对于自身空间位置以及身体各部分个体运动的感知，能够让我们在不使用视觉或触觉的情况下完成我们的动作。本体感受会受到年龄、疾病和健康问题的影响，如关节炎、脑损伤和血液循环不良等。视觉和触觉共同作用能让我们察觉到关节和肌肉的运动张力、速度变化和压力信息。

内感知 | 利用感官信号感知身体的内部状态。

深层压力 | 这种感觉类似于一个孩子被拥入怀里，深陷在一把舒适的椅子中，一条加厚的毯子所带来的拥抱感。这种压力增加了大脑中血清素和多巴胺，起到镇静或集中注意力的作用。

所有人都需要“感官饮食”。事实上，我们已经进化出了对危险保持警惕的特性，缺少刺激、过度刺激都会令人感到不安。我们会根据情绪去寻求或避开某些感官刺激，当自己能有意识地调整对外界刺激的反应时，我们是最快乐的。感官的过度刺激会诱发焦虑、不安和慢性压力等。

不同的人喜欢不同类型和不同程度的感官刺激，好比一场吵闹的重金属音乐会可以让一些人感觉兴奋，让另一些人感到焦虑。孤独症和阿尔茨海默病等神经系统疾病会使患者对某些声音或光线条件变得更加敏感，有时只是一些其他人毫不在意的环境，却会让这些患者感到十分痛苦。

在铺石路面或高亮度表面上，不规则的纹理、强烈的线性图案都可能给那些具有非典型神经发育的人带来困扰，在他们眼中，图案的不规则变化带来的是水平高度的认知变化，或者他们会将高亮度表面视为水流。过于复杂的图案也会导致敏感人群出现视觉感官障碍。相比之下，树木随风摆动或水面波动的自然实体感官，被他们的大脑视为中性频率，史蒂夫·马斯林（Steve Maslin）将其描述为“视觉沐浴”的形式。

查德·肯尼迪（Chad Kennedy）是加州多学科机构奥戴尔工程公司（O'Dell Engineering）的景观建筑师，他在设计时提出了以下概念，以支持感官障碍患者，尤其是娱乐活动[47]:

针对前庭

- 在景观中提供导向标识
- 提供与交通运转和活动相关的清晰、准确的视觉提示
- 针对不同的运动需求提供体育活动（活动范围从剧烈运动到最小幅度运动）
- 提供头部制动的活动和设备
- 在所有活动区域附近提供休息区（远离感官丰富的环境）
- 提供保证身体安全的设施（可能包括椅子、桌子和立柱等物理支撑。还包括一些强烈垂直位置的提示或感观刺激，用以帮助直立定向，设立一些舒适地点，让感官障碍患者能够逃离身处的环境）

针对本体感受

- 为简单任务提供简单的设备
- 在景观中提供清晰的视觉标记
- 为不同能力的使用者提供不同重量的器材，以锻炼肌肉力量
- 提供伸展和收缩活动的机会(体操棒、蹦床、攀爬/翻滚等)
- 配备游泳池（水压和浮力增强感官意识）
- 在所有活动区域附近提供休息区（远离感官丰富的区域）
- 提供物理支撑，如椅子、桌子、柱子和栏杆，可以倚靠，或者坐在上面，重新保持稳定

理解不同的用户其实是在用不同的方式诠释我们的工作，也是在帮助我们自己更好地理解设计工作所带来的影响。着眼于提供多样化感官刺激的同时，我们也需要创造低感官刺激区域，如可供所有人使用的公共空间，这些都将提高我们的设计质量，提高空间利用率，提升体感舒适度。

老朋友假说

伦敦大学学院医学微生物学名誉教授格雷厄姆·鲁克（Graham Rook）的最新研究表明，进入开放空间，无论在微生物层面，还是在生理或心理层面都将受益，贴近自然环境生活有益于长期保持身体健康，如降低死亡率，减少心血管疾病和精神类问题，其原因主要与接触微生物有关，这些微生物就是与人类和平共同进化的“老朋友”。[48]

鲁克教授赞同开放空间对人身心健康有好处的观点，认为这可能源于“栖息地选择”的演变，接近人类理想的狩猎—采集栖息地会产生心理学所说的回报效益，同时社交、锻炼和阳光等也会带来次要好处。不过鲁克教授指出，许多研究在证明开放空间价值时没有采用对比的方式进行比较研究——在最喜欢的咖啡馆约见朋友与在城市电影院看一部不错的电影相比会产生同样的心理效应吗？尽管如此，这类研究也未能解释身处于开放空间是如何给健康带来长期益处的。

鲁克教授认为，有一种免疫学成分是与心理成分并行的。接触各种各样的微生物让免疫系统自行判断它们是否具有威胁性，从而提升免疫系统的免疫能力，防止出现自我攻击，进而保护无害的过敏原或肠道。高收入国家的许多疾病，如咳嗽变异性哮喘、心血管疾病和抑郁症，都与异常的免疫应答有关。

微生物来源多样，包括动物、其他人、寄生虫、水、植物和土壤。多样化的微生物促进免疫系统保持健康状态，因此，文化单一的农业地区或城市地区等，微生物多样性相对较低，对健康可能会产生一些不利影响。此外，缺乏社交活动减少了与他人接触的机会，会加剧群体隔离对健康产生的负面影响。

这就更好地解释前面提到的免疫异常现象，高收入国家之所以出现那么多与免疫相关的疾病，是因为医疗保健条件的改善减少了人们接触自然环境的机会，由此看来，即便是生活在一个更绿色的环境中，面对我们屈指可数的户外活动，又何谈是否有益于健康呢？鲁克教授在自然环境生物多样性与免疫系统调节之间建立起一定的联系。

“老朋友”理论是从卫生假说发展而来，卫生假说认为我们的基因进化没有赶上文化和技术的进化，尽管卫生知识的进步挽救了数百万人的生命，但也减少了我们作为狩猎—采集者本应与生物的接触机会。我们对这些生物有一种进化上的依赖，它们的缺失对我们的健康有着直接影响。

鲁克教授的研究为城市绿地的益处做出进一步解释，“如果自然环境的重要作用是提供适当的空气微生物群，那么多个小型的、分布广泛的、具备高品质微生物的城市绿地，足以作为大型休闲性核心公园的补充。人们已经对屋顶花园、垂直花园和城市绿地的建设产生了浓厚兴趣，当然其目的更多是出于美学考虑，希望促进鸟类和昆虫城市生境管理或是城市规划者希望延迟暴雨进入下水道系统等。相较之下，我们认为在高收入城市环境中，为抗击炎症等相关疾病而创造绿色空间更具说服力，希望这篇论文能加强医学界、生态学家和城市规划者之间的合作”。

图4.14　乡村绿地——即便在农村地区，提供公共开放空间也很重要，2016年，格拉斯米尔，湖区国家公园

景观建筑师们应该接纳鲁克教授的建议，进一步研究和理解如何将微生物多样性纳入生态系统服务中。如果我们以后的设计方案能涉及或者实现微生物多样性的最大化，设计出一些尽管没有公众参与但仍对健康有益的方案，这将会是一件十分有意义的事情。其实城市发展过程中遗留的剩余空间都可以用来实现这一目标，如广告牌下的区域、死胡同或小面积未使用的公共土地等等。

我们所理解的开放空间和自然环境的作用还很浅显。纵观历史，许多文化习俗都认为户外空间是必不可少的，像是修道院等宗教冥想场所，追求健康的人喜欢到佐治亚风格的巴斯乡间散散步，不失为一种治愈身心的好方法。获益于自然环境的理由可能瞬息万变，但人们所达成的共识却比任何理论都要旷日持久。

我们所能论证的观点是，所有成人和儿童都有权选择住所附近的安全、无障碍的开放空间，至于改善身心健康、缓解空气质量等其他方面的社会问题，不能指望凭开放空间一己之力去解决。

提供开放空间应被视为一种精神需求，而不是物质需求。开放空间的许多好处是隐性的、难以衡量的，比如

美的享受或与他人相处的机会。公共开放空间让你有机会走出自己的家或自家花园，在炎热的日子里找个阴凉处坐坐，或者有机会找一个远离家庭责任，可以自由喘息的空间。

客户将工作委托给我们，懂得并处理设计所附带的影响是我们的责任。因为其影响可能深切到远超我们在这世上停留的时间。无论是在预算、时间表还是其他限制方面上，作为专业人员，我们不能，也不应该推卸相关责任。

“设计是一个过程，从创建一个简报，到准备构建解决方案的操作指南。”

摘自《设计协调》，设计建筑网（www.designingbuildings.co.uk）

设计阶段是我们培训最为关注的一个阶段，但在实践中，我们可能没有足够的时间去完成它。无论时间长短、限制如何，我们的工作都是了解客户的需求后创建满足其需求的设计，再将该设计理念传达给其他人。无论我们在这个过程中投入了多少心血，提出过多少创造性的解决方案，这个方案始终属于客户。

设计阶段时而心情愉悦，时而颓废沮丧，时而感到得偿所愿。谨记我们不是在满足自己的需求，是客户的，可能我们不喜欢某个解决方案，但如果它能满足客户的要求，那就是一个可行的景观方案，我们的工作也就完成了。我们把一个想法从萌芽发展成一个可供他人建造出来的计划，在要素和规模上达成一致，那么这个项目已经从理想变成了现实。

4.1 Case Study

WHITEHALL, LONDON

TERRORISM AND SECURITY

4.1 案例研究

伦敦白厅

恐怖主义与安全

M&S

标题
白厅街景项目

客户
内阁办公室

位置
大乔治街，骑兵卫队大道，白厅议会广场骑兵卫队路，英国伦敦白厅广场白厅法院

设计周期	施工周期
2003—2007年	2007—2010年
方案类型	**项目价值**
公共空间	3000万欧元

业主
威斯敏斯特市议会

项目团队
设计团队和承包商——West One基础设施服务(由海德咨询公司、JM Murphy & Sons有限公司和FM康威有限公司组成的联盟)

安全工程顾问——MFD集团

考古预建——伦敦Archaeolog有限公司

建筑顾问——珀塞尔·米勒·特里顿事务所

公共领域顾问——阿特金斯街道景观公司

交通模型——英国柯林布坎南及伙伴有限公司(现为SKM柯林布坎南)

车辆问题缓解顾问——MFD集团和TRL公司

供应商
专业钢铁制造——康力斯集团有限公司 (现塔塔钢铁公司)，使用考登双钢筋

工程承办商——石材修复服务有限公司

图4.1.0　英国国旗下的白厅夜景，2011年，伦敦白厅

图4.1.1　白厅所在的是一条繁忙的街道，也用于重大的国事活动——纪念碑是英国主要的战争纪念碑，也是年度纪念活动的焦点，2018年，伦敦白厅

在伦敦、曼彻斯特、尼斯、斯德哥尔摩、夏洛茨维尔和其他城市发生的袭击事件中，车辆常被用来故意撞击建筑物、人群或其他车辆，这表明，当公众使用我们的设计时，他们面临着微小但切实的危险。

因此，在一些被视为高风险的地区安装了防止车辆袭击的防御设施。如果设计得好，这些重要设施可以提升街道景观，例如一些艺术设施、新座椅或游乐设施等，既巧妙地充当了防御结构，又不会引起民众对潜在风险的注意。如果安全措施设计得不好，会让景观变得不舒服，改变其空间特征。

白厅所在的是伦敦市中心举世闻名的街道，附近设有内阁办公室、国防部和外交部等许多政府机关，是和平纪念碑的所在地，也是唐宁街的入口。其安全性问题不言而喻，与此同时该街道又十分繁忙，每天有超过1.8万辆车从这里通过[49]。从特拉法加广场到议会广场，也是一条十分受欢迎的旅游路线。

该规划区包括78幢列入名录的建筑物，其中14幢被列入一级名录，街道位于白厅保护区中心[50]。部分场地位于维多利亚堤防花园内，西临圣詹姆斯公园。这两个公园都隶属于“特别历史名胜花园和公园”名录。被联合国教科文组织列为世界遗产的威斯敏斯特宫和威斯敏斯特教堂，包括圣玛格丽特教堂，毗邻该遗址的南缘。

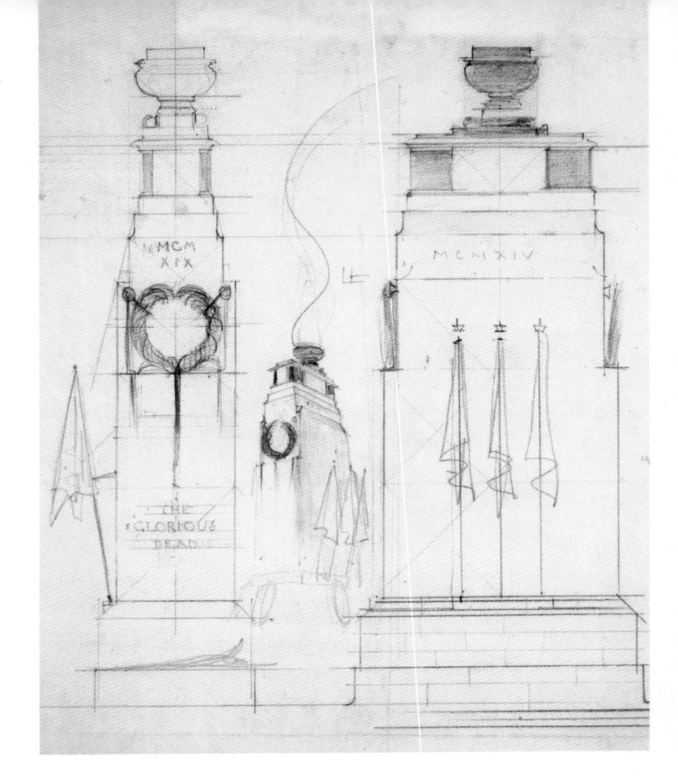

图4.1.2　伦敦白厅纪念碑设计，顶端置有一个骨灰盒：立面和透视草图，1919年，埃德温·鲁琴斯爵士设计

该地区还发现了中石器时代、新石器时代和青铜时代的可考证的物品，以及一些罗马和撒克逊时期的物品。

白厅安全问题自古有之。在17世纪，最初的白厅宫殿利用大门周围的柱子来保护其免受攻击。公共和私人建筑通常都采用这样的安全设施，早期的建筑都会利用沙壕、围城、护城河等防御层，用于来削弱各类攻击，有效控制好入口处[51]。

白厅政府机构希望增强安全措施，防止汽车类恐怖袭击，同样的措施也可用于预防汽车炸弹袭击[52]。

同时，利用这次机会和资金支持，可为居民、企业和游客改善街道环境，增添新的安全措施。

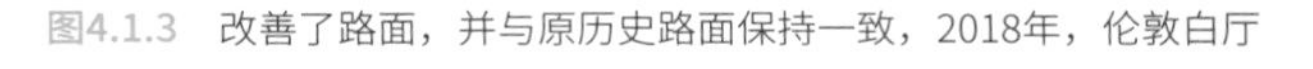
图4.1.3　改善了路面，并与原历史路面保持一致，2018年，伦敦白厅

图4.1.4　融入车辆安全屏障的栏杆，2018，伦敦白厅

图4.1.5　新建的围墙和护柱允许行人通行，同时保护行人免受车辆的攻击，2018年，伦敦白厅

直接接近目标可以让敌对车辆在靠近时加快速度

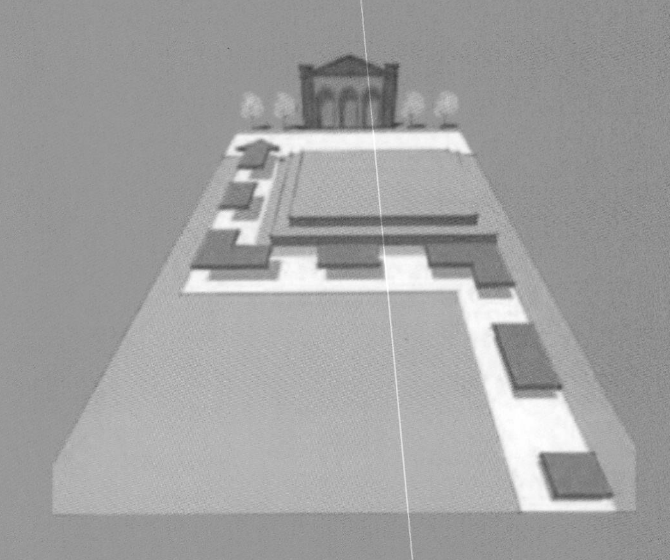

减速弯道和偏离目标会降低敌对车辆的接近速度

改变道路，开辟一条间接通道使敌对车辆远离重要建筑

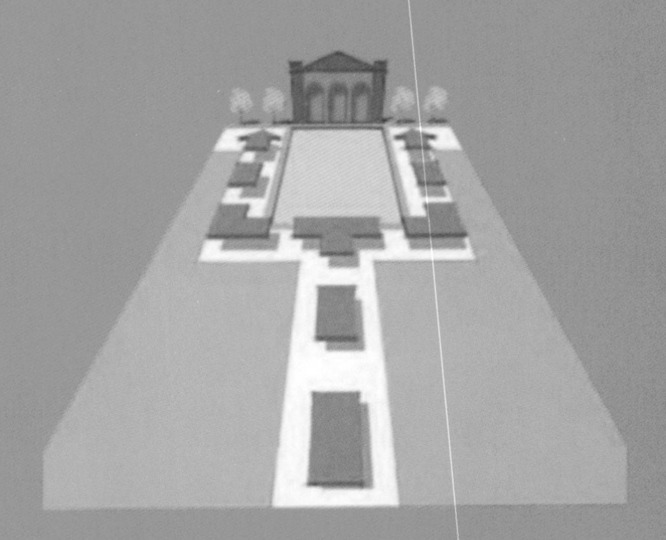

移除重要建筑正前方的车辆通道，使进攻车辆丧失袭击的可能性，并与停靠在其他位置的敌对车辆产生间距

该项目简报分为两部分截然不同的需求。一方面，内阁办公室希望协调改善中央政府部门的安全工作；另一方面，威斯敏斯特市议会希望将该地区的环境改造得更安全、更好，以满足所有人的需要。

政府决定通力合作，在内阁办公室的领导下，11个不同的政府部门汇集了他们的资源，逐个与威斯敏斯特市议会及其基础设施服务提供商West One签订合同。

项目团队咨询了包括中央和地方政府、地方利益团体在内的50多个组织。设计团队所要完成的设计，不仅要满足多个利益相关者的功能需求，这些需求本身复杂且相互冲突，此外还要满足伦敦交通局和英国遗产局等组织的法定要求，增强的内置反恐屏障系统要安置在毗邻世界遗产保护区的繁忙路线上，要保证将施工干扰降至最低，也是对设计团体的一次巨大挑战。

新方案包括:

- 增设安全路桩和人性化景观围栏墙
- 重新铺设及扩宽行人路，以改善步行区
- 行车道缩减为双向两车道
- 整治杂乱的街道

图4.1.6 该方案采用了《综合安全-公共领域敌对车辆缓解设计指南第2版》第53条中规定的原则[53]

图4.1.7 保留的成熟树木，2018年，伦敦白厅

- 照明升级
- 重新设计国防部主楼周围的围墙和花园
- 改善路面

该设计方案的主要功能是防御和保护，但在呈现上并没有过于凸显该功能特点，加宽的人行道和布局良好的十字路口反而深受游客青睐。方案未涉及本章前面提到的那些明显的防御性特征。这条街道早已配有高强度的人为监控，可以阻止低级的反社会行为，在唐宁街入口处等位置配备了武装警察，街道坚持了无障碍的、包容的设计理念。

补充信息

- 英国国家基础设施保护中心
https://www.cpni.gov.uk/hostilevehicle-mitigation
- 街景内车辆安全屏障
https://www.gov.uk/government/publications/vehicle-security-barriers-within-the-streetscape
- 《综合安全-公共领域敌对车辆缓解设计指南 第2版》
https://www.cpni.gov.uk/hostile-vehicle-remition（文件名为综合安全）
- 弹性设计工具包——反恐
http://www.securedbydesign.com/industry-advice-and-guides

图4.1.8　背景为骑兵卫队的车辆隔离柱，2018年，伦敦白厅

图4.1.9　建于1938—1951年白厅宫原址上的国防部主楼外防护墙，与伊曼纽尔·文森特·哈里斯的古典建筑风格相得益彰，2018年，伦敦白厅

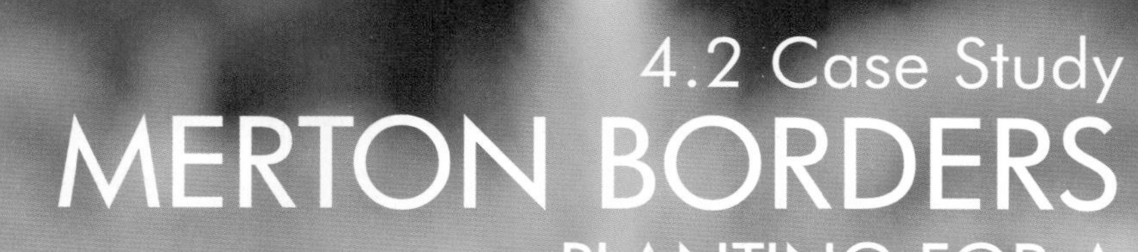

4.2 Case Study

MERTON BORDERS

PLANTING FOR A DRIER, HOTTER FUTURE

4.2 案例研究

默顿边界

为应对未来更干燥、更炎热的气候而种植

标题
默顿边界

客户
汤姆·普莱斯——牛津大学植物园园长

位置
英国牛津，牛津大学植物园

设计周期	施工周期
2005年	2011年

方案类型	项目价值
植物园	未知

景观建筑师
詹姆斯·希契莫夫教授，谢菲尔德大学园艺生态学教授

业主
牛津大学植物园

供应商
种子供应商——德国杰利托多年生种子公司

黄麻网——土壤保护剂™ 生物降解侵蚀控制网，英国Hy-tex农业纺织品有限公司

图4.2.0　美国植物群落的紫锥菊，2014年6月，牛津，牛津植物园

图4.2.1　美国植物群落，2014年6月，牛津，牛津植物园

2008年，牛津大学植物园委托谢菲尔德大学园艺生态学教授詹姆斯·希契莫夫设计一个新的种植区域。该种植区早在20世纪40年代开始种植，由于过熟衰老，因此决定清理整个区域，实施一个新的方案。项目简报指出这是一个自然主义风格的可持续种植方案，对环境的长期影响最小，耐旱且建成后无须灌溉，也不需要打桩、土壤改良或肥料，无须划分或重新种植等频繁的技术维护。

解决方案是，基于世界3个季节性耐旱干草原地区，构建一个观赏性高、可持续生长的植物群落。

图4.2.2　第一个生长季节由种植密度约为1株/2~3m^{2}的幼苗构成。这些小幼苗将在2013年填满这个空间

参考地区包括：

- 穿过科罗拉多高原直至加利福尼亚州中部和南部大平原（美国）
- 海拔1000m以上的南非东部
- 南欧至土耳其，横跨亚洲至西伯利亚

生物地理区域都选在离赤道40°到30°之间，比牛津近10°。参考气候变化模型，预测英格兰东南部未来的气候将类似于现在的波尔多。

摒弃使用塑料盆，在泥炭堆肥中栽种植物，85%的植物是直接播种的。相较于移植盆栽植物，直接播种可实现的种植密度要大得多，进而提升多样性，延长花期。按照精确的配方制备混合种子，并将其与锯末混合，播种在耙过并碾压的75mm沙土覆盖物上。覆盖物主要用于抑制杂草种子的萌发，其次有利于提高干旱气候物种的安全可靠性和坚固性。

播种后，这些区域被再次耙平，然后铺设一张松散的可生物降解的黄麻网，把沙子和种子聚拢在一起，形成一个促进植物生长的小气候，还可以防止动物在这里挖掘。该区域在最初的12周内进行了灌溉。2011年春季首次播种后，该区域光秃秃的。2011年秋季进行了过度播种，2012年夏季杂草依然存在。到2013年，终于完全建成，成了植物园内公认的景点。这些植物与英国种植设计中占主导地位的草本植物形成鲜明对比，那些高大多叶的草本植

图4.2.3　过度播种前准备种植材料，2011年11月，牛津，牛津植物园

图4.2.4　春季生长，2015年5月，牛津，牛津植物园

物更喜欢潮湿的地面条件，在日益干燥的夏季能够满足它们生长条件的地方极少。沙质覆盖物有助于降低土壤肥力，使其更接近自然生态系统。在肥沃的土壤中，叶子的体积更大，那么所需的光照也就更多，比较利于更

图4.2.5　南非植物群落初夏生长露出沙层，2014年6月，牛津，牛津植物园

图4.2.6　在欧亚植物群落中巨针茅持续生长到秋天，2016年，牛津，牛津植物园

大、更有活力的物种生长。采用区域性的、大范围几何碎片式播种。一些植物作为覆盖层在所有区域中重复播种。

几乎所有的植物都有基部的叶子和裸露的花茎，这样可以减少阴影。使用植物覆盖的形式会产生3种不同的层面——低薄层、凹凸层和露生层。该设计不采用许多低矮植物靠近边缘的传统分层种植方案。直接播种会使每个区域内重复播种的植物布局更具随机性、开放性。在复杂、分层播种的植被中包含了少量英国本土物种，为一些无脊椎动物提供了宝贵的生境地。

美国和南非地区的植物群落能够承受春季焚烧，因此处理这些区域的杂草，可以在不破坏植被的情况下采用快速焚烧的方式。

直接播种的优点在于，价格比移植预先种植的植物更便宜，还可以促进紧密生长的植物群落更好地适应场地条件，增强抗杂草能力，这是充分利用低肥力场地的好方法。在园区建立阶段，与其他种植技术相比，直接播种的确需要更多地投入精力，初期阶段可能要进行大量的除草工作，使得种植区域看起来很荒凉，但这是一种将气候变化应对能力、低投入和可持续受益三者相结合的方法。

图4.2.7　欧亚植物群落的夏季景观，2016年8月，牛津，牛津植物园

图4.2.8　南非植物群落，2015年，牛津，牛津植物园

图4.2.9　3种植物群落的远景，2013年7月，牛津，牛津植物园

Chapter Five

CONSTRUCT AND MANAGE

第5章　建设和管理

导言

这是项目从概念变成现实的阶段。确定规模和布局后，客户和项目团队的其他成员将在现场看到你的设计。随着项目的推进，新问题会逐渐暴露出来，现场工作人员的当务之急是迅速解决这些新问题，防止延误工期。

作为建筑师，现在需要放手一搏，把我们的想法交到别人手中去诠释。我们正朝着规划阶段确定下来的客户需求迈进。前几个阶段的变动可能会对成本或工期产生一些影响，在这个阶段改进设计已经不会产生什么实质性影响了。从第一块草皮被切割开始，任何变动所带来的影响都十分复杂，牵涉面也很广，尤其是在一些组件已经订购的情况下。在施工开始前就让客户和团队其他成员了解到变动的巨大影响，做好充分准备再动工，这一步对后续工作非常重要。切莫在很多问题未解决妥当的情况下，就匆忙进入建设阶段，就算是迫于最后期限，这不是一个明智之举。花费在计划和解决问题上的时间通常都会弥补回来的。

在初期阶段，清晰的沟通、良好的协作、准确的信息管理等等，诸多工作的顺利推进都是成功的关键。这一阶段，意外风险成为新的关键性问题，例如现场的突发状况、恶劣的天气条件或材料供应等外部因素。

图5.0 风信子，2012年，牛津郡

也许是土壤取样时遗漏了污染点，意外发现考古遗迹该如何处理呢？第4章中提到的预先分析技术有助于识别这些潜在风险，当然要依靠适当的管理体制，设置适当的应急级别，加快决策过程，以此来有效地掌控变化。不要天真地以为变化不会出现，项目团队的所有成员都应该认识到发生意外的可能性。

图5.1 在格温特郡平原上重建历史排水沟的工作——在历史遗址上有考古发现的风险很大，2019年，威尔士格温特郡平原

表5.1 此工作阶段的要素[1]

阶段5——施工	阶段6——交付和结项
- 管理交接策略的实施 - 项目小组会议 - 审查和更新项目执行计划 - 施工前会议 - 施工方案意见 - 现场进度会议 - 监督和审查项目团队的进度和表现 - 进行现场检查和审查 - 回应协作或整合方面的现场疑问 - 回应设计疑问 - 更新施工策略 - 协调现场监察 - 监察施工进度 - 检查设计可持续性评估 - 检查可持续发展程序 - 审查移交策略 - 查看非技术用户指南 - 设计团队会议 - 进行设计/技术审查 - 进行最后现场监察 - 准备缺陷报告 - 准备“施工”信息 - 检查“竣工”信息 - 交换“竣工”信息	- 完成移交策略中列出的任务 - 管理“已建成”信息的更新 - 项目小组会议 - 监督和审查项目团队的进度及表现 - 执行移交战略中列出的任务 - 审查受到保护的生境和物种（以及其他法定保护，如时间、地点和场合、入侵物种的保护） - 设计团队会议 - 进行设计/技术审查 - 更新“竣工”信息 - 审查更新的“竣工”信息 - 管理专业分包商“竣工”信息的编制和发布 - 就解决缺陷提出建议 - 签订景观管理合同 - 审阅项目信息 - 检查“竣工”信息 - 交换更新的“竣工”信息 - 进行缺陷检查 - 移交健康与安全档案 - 交付与结项 - 拟备景观维修合约

BIM二级效益衡量

受英国公共机构Innovate UK委托，普华永道（PwC）会计师事务所于2018年发布了一份报告，针对使用BIM2级（BIML2）的好处提出了一些耐人寻味的见解。[2]报告研究了两个公共部门案例伦敦维多利亚街39号卫生部总部和约克（York）的福斯（Foss）防洪屏障的翻新项目，探讨了在处理公共部门资产时使用BIML2的好处。

该报告考察了这两个案例的整个项目周期，维多利亚街的工期大约为12年，福斯防洪屏障的工期大约为24年，前者节省下来的时间主要与实际运用BIML2有关。此外，使用BIM还可以在施工过程中节省大量成本。

表5.2　项目周期每个阶段的估算效益百分比

项目	设计阶段	建设、调试、移交	运营
维多利亚街39号	6% 42,366英镑	21% 建设与调试103,872英镑 移交84,520英镑	73%（约12年） 391,592英镑
福斯防洪屏障的翻新	36% 132,217英镑	3%* 建设与调试5757英镑 碰撞检测6500英镑	61%（约24年） 223,118英镑 相当于每年6%～7%
利益相关方确定但未量化的其他效益包括（两个项目）	- 节省设计协调和管理方面的时间	- 节约施工进度计划和质量监管的时间 - 节约碰撞检测和少量变更成本 - 使用更少材料带来的环境效益	- 提高资产质量 - 维护中的健康和安全效益 - 提高声誉 - 节省事故响应时间

*BIML2不是审查过程的关键部分，因为在现场只有一个工作小队。设计阶段与建设、调试阶段同时进行，节省的部分计入设计阶段。

图5.2　发现劣质部分是我们角色的工作核心，在此图中围栏工作未按规范进行，2007年，伯克郡

根据合同内容，这一阶段承包商、供应商和专业分包商纷纷加入项目。参与人数增多，拉开了复杂且耗资巨大的施工序幕，这时就要制定高效的管理方法。随着项目的推进，变更管理、指示权力的分配和现场监管等流程，将在这一阶段发挥作用。

于是需要不断地进行角色定义和风险管理。如果我们是项目的领导团队，我们要对成员进行角色分配，并且确保每位成员都了解彼此需要的信息程度。如果我们只作为参与团队，就需要清楚自己在团队中的角色，让其他成员清楚我们的工作职权范围。在设计阶段就形成的协作精神，此刻变得更加重要。

景观建筑师

我们在项目团队中的角色决定了我们在施工阶段发挥的作用。如果我们是首席或唯一的顾问，将是该过程的核心角色，直接与客户合作，并积极参与项目的日常交付。如果在设计阶段只是分包顾问，我们就是一个微不足道的小角色，也许只有在有变动或出现问题时才需要参与进来。若是作为周期较长的建筑或基础设施项目团队的一部分，我们只需要在方案开始施行时保证景观预算准确无误就可以，也许我们会全程参与，处理解决树木保护、土壤治理和其他景观问题。

开始施工后，我们的角色不再是设想方案，而是根据场地、预算和时间表等限制条件，尽力保证施工效果贴近设计方案。按照参与程度，我们要对现场进行定期检查，要满怀信心地去发现未按规范标注完成的劣质工作。对于那些比较复杂的施工过程，或者涉及与现有特性相结合的功能，应该先商定样本，再以其为基准处理剩余部分。

无论设计阶段的工作完成得多么彻底，新问题的出现或成本的最终敲定都会为施工阶段增加变数。管理这些变化，帮助客户理解他们的选择，理解每个变化所带来的影响，是我们这一阶段的核心工作。项目中景观元素的寿命，以及处理维护这些随时间变化的“活材料”，都决定着某些影响不会随即显现，甚至在未来几十年内都感受不到，但我们仍要强调潜在影响的存在。不管我们在施工阶段种植的树木有多大，相较于它们最终的高度和宽度，这时都只是幼苗。再次强调，景观方案是动态的，是在不断变化的。

如果我们领导项目，我们需要监控进度并更新客户信息，给那些未按时完成的工作提供建议，寻找一些减少负面影响的机会。

景观建筑师担任首席顾问

如果景观是项目的主要或唯一部分，景观建筑师通常会担任首席顾问。在其他情况下，例如含有大量建筑元素的项目，尽管偶尔也有客户指定，但景观建筑师在这类项目中担任首席顾问并不常见。

若是需要在景观环境中界定建筑、设施和路线，设计阶段的第一步是以景观为导向，那么景观建筑师担任首席顾问就是合理之举。许多景观元素的构建周期很长，这就表示我们参与项目的时间往往需要几年而不是几个月。

与项目团队中的其他专业人员不同，我们是对整个场地感兴趣，甚至是场地的边界，同时会考虑更宽泛的景观背景。这些因素都是景观建筑师应该担任首席顾问的最佳证据。

与其他景观建筑事务所合作

创立一个企业时，应该鼓励创业者去研究他们的竞争对手，这样可以帮助他们了解市场，判断日后是否需要业务

图5.3　2012年的伦敦奥林匹克公园是近年来英国最大的景观建筑之一，也是将建筑元素融入复杂景观的绝佳范例，2012年，伦敦斯特拉特福

互助。根据我的个人经验，与其在技术上将他们视为竞争对手，不如利用好这一资源，把敌对的景观建筑师变成合作伙伴。

对于规模较小的景观项目，这种合作可以利用分包任务应对工作量的波动，合作伙伴可以在需要之处提供额外的专业知识。更大的项目可能会超出一个建筑事务所的能力范围，这时与价值观相同的景观建筑师合作，你就有机会竞标到一个新项目。了解并信任其他建筑事务所后，就可以把不适合你的咨询工作转介给你认为可靠的人，同时还保证了你的良好声誉。

许多受雇于小型景观项目的景观建筑师，他们往往只有一个办公室，在有限的能力范围内帮助彼此完成一些琐碎工作。层出不穷的状况总是令人感到沮丧，在现场待了一整天，却发现你错过了一个微小但十分重要的细节；再者，你搭上时间成本，长途跋涉地回到现场，也许只是为了检查一个小物件。由于错误在你，那就不能将这些额外成本转嫁给客户，只能自行承担。还有一些复杂的任务要求你必须返回现场，如拍摄LVIAs的素材，或者就某些问题做出判断。无论多么无关紧要的工作，若能认识一个当地的景观建筑师，让他帮你多少分担一些，都将节省大量的时间。

分担培训所需的费用是小型机构合作的另一种方式。的确，帮助你的竞争对手会让人觉得有违常理，不过一起分担培训费用，大家就有机会去参加那些昂贵的培训课程，要知道我们技能的提升有助于提高整个行业水平。

我们需要考虑客户保密和职业责任等问题，但在实践中，我本人十分重视与其他景观建筑师培养一个非正式的人际关系网，便于我向他们寻求帮助，这是一种十分宝贵的资源。

在施工阶段管理项目很难维持在一种平衡状态，角色不同，我们承担的风险也不同。作为首席顾问，我们可能会被卷入一些耗时的问题中，这些问题虽不在我们的职责范围内，却又不得不解决，这种时间成本不包含在费用中的话，那最后我们就会无利可图。如果我们是分包商，在缺少我们参与的情况下，项目可能会与我们的原始设计南辕北辙，虽然最终结果仍会归功于我们，但现场的最终方案没有达到我们追求的高质量，这将影响到我们的声誉。

客户

施工阶段的风险逐步偏向客户，因为直到现阶段为止，客户已投入了大量成本，但什么都没有建造出来，一切都会瞬息万变。

施工一旦开始，只要不是发生巨变，项目无法维持下去，客户几乎都是不遗余力地完成工程。无论是盲目的乐观主义，还是恶意赢得而占有的项目，不切实际的预算或时间表，其后果都由客户一力承担。

施工过程中，不切实际的预算会致使承包商以偷工减料的方式维持利润率，客户则会因低于标准的质量而倍感失望。契约控制就是为了保护客户不必为低于标准的工作付费，但是如果是因为预算太低而不达标，那又是另外一种情况。任何节省的成本都可能折损在项目争议或修改中，不切实际的预算根本是打错了算盘。

客户支付的成本开始从专业费用转向现场施工和材料采购费用，付款额度大幅增加。客户要对自己的付款程度做到心中有数。那些拥有慈善赠款或分期贷款的客户，鉴于资金情况相对复杂，需要仔细规划现金流，保证履行其财务责任。

施工也是客户能够看到实质进展的阶段。无形的设计过程之后，看到工程全面启动，终于可以消除疑虑，等待项目竣工那一刻的到来。有时客户会在尚未准备妥当前就开始在现场施工，比如搭建一个工地活动房，着手清理植被，这是在向利益相关者发出一个明显信号，示意一切工作正有序展开。这次可能又打错了算盘，因为在所有问题还未解决之前就开始施工可能会导致成本流失。

客户在施工过程中的角色

通常，客户将项目委托出去，定制总体计划并支付全部费用。如果他们是项目的最终所有者，一定十分关注场地维护、项目全寿命周期成本以及施工成本。如果只是作为开发者，他们就不那么在乎投入的成本及其可行性了。风评对未来的营销极为重要，因此，一个不能满足最终用户需求的场地会影响到客户后续项目成果。

客户定好整个项目的基调，如果他们认真对待健康与安全，并将其列为优先事项，自然会成为项目其余部分的参考榜样。除第3章中列出的任务外，客户需承担的其他任务还包括：

- 宣传及处理媒体关系
- 公众参与
- 现场安全
- 权限和允许
- 场地出入管理

与客户沟通

与初期阶段一样，项目团队中的角色决定着我们与客户的关联程度。如果我们是首席顾问，可以直接与客户接触，协助他们变更管理，在项目推进过程中替客户做出大量决定。如果我们是分包顾问，我们与客户的联系会多出一到两个步骤，其他人代表我们提出请求的话，就会容易产生误解。

客户每天接收的信息量应该保持均衡，尤其是在施工期间。一个焦虑的客户会成为风险客户，因为对项目失去信

图5.4　巴斯市的临时车辆护栏现在被更符合世界遗产的永久性防御设施所取代，2019年，巴斯

心，开始改变主意，所以充足的信息可以使他放心，但不要太多，这样可能又使他无所适从。一位了解我们工作的有经验的客户，为了实时监控进度，通常希望获得所有项目数据。而没有经验的客户，一般在他们正常工作之余，才承担起客户角色，例如经营学校或管理慈善机构的客户，可能只需要每周一次的快照，或者问题亟待解决时才能联系到他们。这类客户更新信息的方式倾向于电子邮件、电话、即时消息、在线协作工具的更新或通过保存到云存储的共享问题日志等。重要的是，我们要尽量满足客户的期望，充分利用他们的有效时间，选择他们喜欢的沟通方式。

平衡宣传与安全

在项目团队的辅助下，客户通常负责将项目的最新进展或任何异常情况通报给广大群体。

对于有争议的项目，要谨慎对待媒体报道。一部分项目更适合以开放的参与方式公开分享全部细节。当地民众不大可能对我们的每一项工作都欣然接受，尤其是施工过程对他们的生活产生不利影响时，良好的沟通有助于我们更好地处理这些干扰因素。

有关商业机密或安全问题等其他类型的项目，方法则有所不同。如保护白厅免受车辆袭击(见案例研究4.1)，就不是一个可以分享太多细节的项目。类似的项目还包括政府、大使馆、国防基地、关键的国家基础设施或与动物实验相关的研究中心等。尽管我们对社区项目的默认态度是尽可能公开，但部分内容还是要稍加限制，如预防车辆遭遇袭击的护栏柱、监控系统覆盖区域等安全措施的细节，都不应在设计或施工阶段披露。

我在市中心见到过安装车辆护栏的场景，在众目睽睽之下展示了护栏的结构和设计。极有可能就此暴露了设计中的弱点，甚至有些人可以推断出拆除它们的方法。在施工期间避免安全措施暴露在公众眼前，这一细节虽小但十分重要。

进展与期望

构建景观的过程将带来一场颠覆性的体验。清除植被或剥

PAS 1192-5:2015《安全建筑信息模型、数字建筑环境和智能资产管理规范》

这个PAS(公共可用标准)的标题似乎与景观建筑没什么直接关联。因为BIM多与3D建模相关联，很少与安全性联系到一起。然而，数据的开放与共享作为BIM的核心，同时隐藏着信息泄露的风险。即便未使用BIM，该标准在许多项目中也为我们提供了参考性指导意见。由国家基础设施保护中心(CPNI)与英国标准协会(BSI)合作编撰的PAS 1192:2015《简介》概述了该标准的使用范围及应用场景。[3]

PAS 1192-5的规定有助于各机构确定并适当采取相应措施，降低以下可能引发信息丢失或泄露的风险：

- 已建资产相关参与人员及其他占用者或使用者
- 已建资产本身
- 资产信息
- 已建资产附带的收益

这些措施还可以防止丢失、盗取或泄露有价值的商业信息和知识产权。

PAS 1192-5:2015将敏感建筑资产定义为“整体或部分可能对敌对、恶意、欺诈和犯罪行为或活动有用的危险性资产”。应对措施多半与风险成比例，但我们必须按照PAS要求严格审查某些工作内容。该标准还强调，那些非高风险项目，如果重视降低被盗风险、预防数据丢失等安全措施也会带来商业利益。

离表层土壤，会使原本无害的场地显得格外碍眼。一些大型场地，考虑到施工期间的视觉冲击，会采取缓解措施，减少对更大范围的影响，但是，无论场地清理工作做得多么仔细，变化还是会让人觉得触目惊心。

客户非常熟悉一个场地也可能成为施工过程中的一个难点，特别是他们与场地存在某种情感联结，比如这里以前是他们的私人花园。那么一开始就要提醒客户和其他利益相关者，在场地变好之前要先经历一个变糟的过程，因为有时候纵然我们给客户打了预防针，有些人仍感到难以接受。客户经常会一门心思投入场地清理工作之中，此时已顾不上最终交付的方案，他们迫切需要采取行动将场地清理到可以使用的状态。有经验的客户会对这一阶段的工作了然于胸，没有经验的客户得到一些保证才能稍加放心。

种植计划可能是另一个需要管理的客户期望。景观建筑师

图5.5 为筛选堤岸和新池塘清理场地，清理场地的实况可能会让客户感到震惊，2008年，白金汉郡莱德本，瑟尔沃尔特许景观建筑咨询公司

都知道，植物通常以小标本的形式出现在种植计划中，在适当的条件下，它们很快就会长大，然后填满为它们规划的空间。但在客户眼中，这时的方案可能看起来稀疏而乏味。那么，解释种植计划发展的时间，展示类似景观的例子，告知植物可实现的增长率，可以打消客户的疑虑。

移植时，与较大的植物母株相比，选择较小的母株受益良多，生长得更好，成本也低得多，减少运输可以降低对环境的影响，无须从苗圃移走过多的土壤，此外灌溉需求也最小。大型母株的确从第一天起就提升了方案的完整度，非常适用于像公园这种需要立即使用的场所，但购买成本偏高，维护起来也更复杂。

如果客户想要的是一个展示花园或改造一个电视节目的即时景观，我们应该告知他们费用会十分昂贵，可能需要降低最终的种植密度，以及相关植物材料的浪费问题等。我们一再强调时间对景观方案的影响，任何方案都要在成本、影响和期限之间找到一个平衡点。

施工阶段是反差最大的阶段，一切工作从“概念”走向“现实”。没有经验的客户可能会陷入困境，我们要在繁忙的日常工作中抽出时间帮他们排忧解难。

项目

项目到现阶段已肉眼可见，与设计和规划阶段相比，需要受到更多的审查。

保护需要保留的东西

开展现场工作需要应对一些工作所带来的影响。无论场地需要清理得多么彻底，都可能存在一些元素需要保留。

土壤

在建筑中，土壤尤其是表土，作为一种资源经常被忽视。

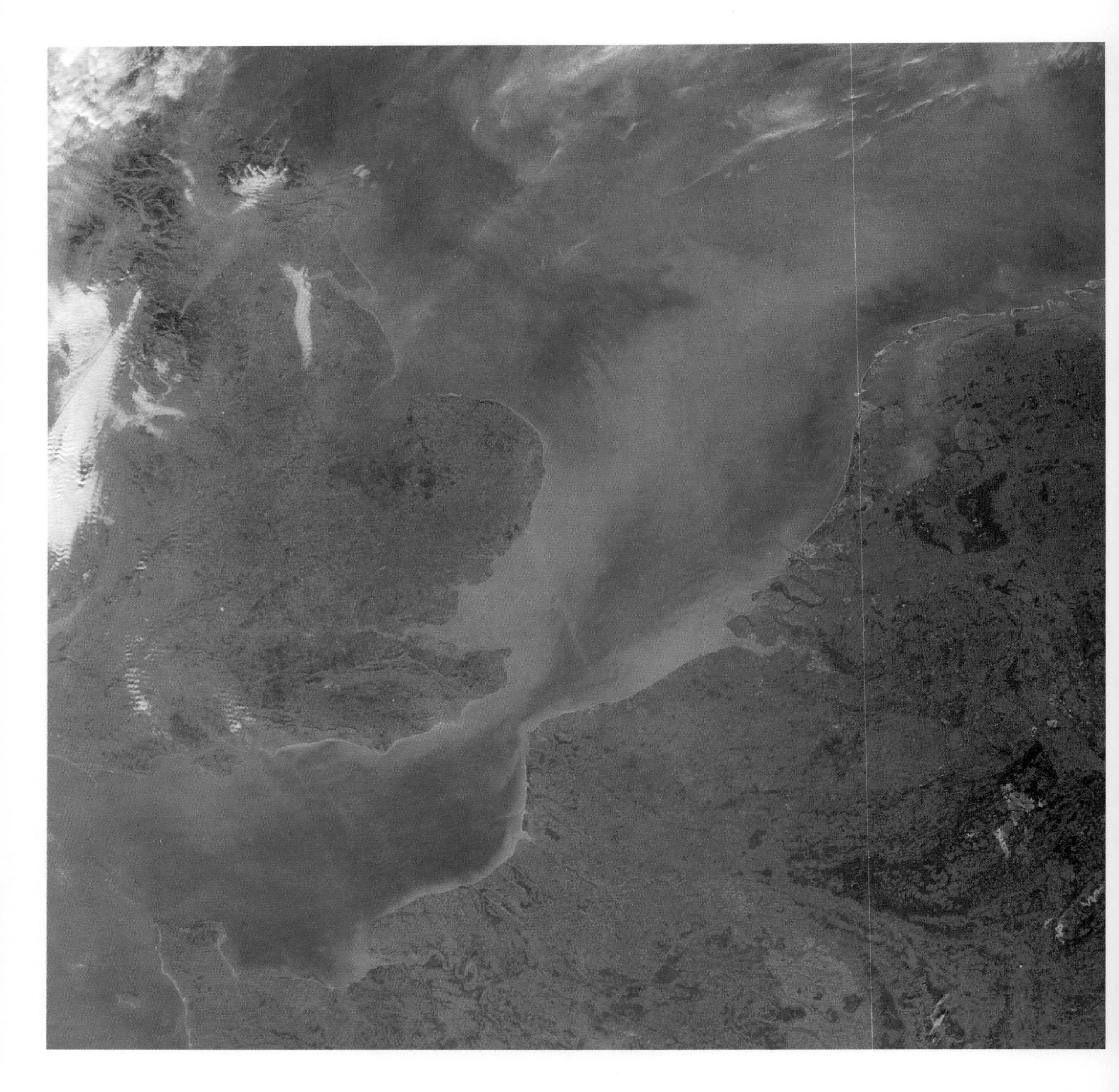

土壤是一个生态系统，由复杂的微生物群落和大型生物群落组成，前者包括细菌、藻类和真菌等，后者指蚯蚓和节肢动物。它是一种有限的、基本不可再生的资源，要知道形成2cm厚的土壤可能需要500年的时间。[4]

2009年英国政府关于施工现场土壤可持续利用的新建筑施工守则中列举了土壤的主要功能。

- 粮食和纤维制品
- 环境相互作用（与水和空气）
- 支持生态生境和生物多样性
- 为景观提供基础支持
- 保护文化遗产
- 提供原始材料
- 为施工提供场地

“土壤为人类社会提供了多种功能和服务，对社会、经济和环境的可持续性发展至关重要，如：

图5.6　土壤流失导致棕色和绿色沉积云在北海盘旋，2004年12月18日获得的真彩色Aqua MODIS图像，杰夫·施马尔茨（Jeff Schmaltz），美国宇航局/戈达德太空飞行中心（NASA/GSFC）MODIS快速反应小组

土壤还具有强大的社会功能，为花园、运动场和公共开放空间等绿色空间提供场地基础，进而带来文化和社会效益，增加幸福感，有益身心健康以及有机会接触大自然等。因此，土壤在人们的生活中扮演着重要的角色。”

除非场地表土已污染到无法使用的程度，保留和再利用现有表土通常是最佳选择。首先需要评估表层土的数量，即便场地植被生长良好，也不能保证现有表层土的深度和质量适合规划的景观方案。如果场地表土无法使用，在需要更换之前，我们可以试着对土壤进行改良。剥离表土，用车辆将其从现场运走，可能还要花钱将这些表土处理掉，然后再购买新土来替换它，显然不是一种可持续方法。清除场地特有的、经过数百年形成的土壤，这应该是我们最后的选择。

施工守则还列出建筑行业的一些负面影响：

- 用不渗透性材料覆盖土壤，有效地封闭土壤，对土壤的物理、化学和生物特性，以及排水特性造成重大不利影响
- 由于意外泄漏或使用化学品而污染土壤
- 使用重型机械或建筑储存物过度压实土壤
- 材料
- 降低土壤质量，例如将表土与底土混合
- 将土壤与建筑废物或受污染的材料混合，从而浪费土壤。这些材料必须经过处理后才能再次使用，甚至最后只能弃置在垃圾填埋场

珍贵且不可替代的土壤很容易遭到破坏，要保护这一资源必须进行细致规划。土壤管理不善将直接反映在景观方案上，景观植物生长不良或衰竭，地表水径流和积水增加，以及积水区域增多。我们应该着重制定和实施土壤资源计划，规定如何回收、储存和再利用土壤。其中还应包括表土和底土的储存区域、运输路线以及库存管理等。英国标准协会（BSI）等组织制定的一系列标准提供了有益指导。

图5.7　美丽但在景观建筑中总是不受重视的山毛榉林地，2019年，南牛津郡

树木

大多数景观建筑师不得不耐心地解释树木是多么容易受到损害，树根通常埋藏得很浅，分布却很宽，而且不是只有唯一一条主根，因此树下区域不是储存材料的正确地方。我走访过很多地方，拍摄到许多不良行为的照片，成桶的化学品、重型机械都堆放在树木保护围栏后面，还以树木为支撑用绳子把它们绑在树上，树枝则遭到机械或车辆的破坏。出于对树木的保护，我们仍需进一步讨论树木对周围土壤变化产生的潜在影响。

项目团队，特别是那些施工团队不大可能评估出哪些树木应该被保留。我们通常要在树木栽培学家的指导下，精心保护场地内的重要树木，但这项工作不可能一蹴而就。

我觉得这是我们工作的一个核心问题，于是我在网上询问是否有其他景观建筑师找到了有效的方法，可以让他们的同事意识到保留树木的重要性，以及保护这些树木的意义。网上的回复既幽默又有见地。大家感兴趣的程度表明有许多人也面临着同样的问题。

- “和他们谈谈他们的童年，以及树木对塑造孩子们的想象力和增添他们乐趣的作用？必须与个人经历/价值观相关。”Rosie@Whicheloe
- “我会送他们一本《树的隐秘生活》。就是要让他们有所感悟，发生了什么我们看不到或看不见的事情，就成了！”Avra Ploumi-Archer@space_and_place
- “给它们起个名字。”Wes West@wesayso
- “让幼儿园/学校认养每棵树。孩子们会照顾它们，也能防止拔除这些树。也可以如上面的帖子，给树（表情符号）起个名字。” Maciej Kupczyk@KupczykMaciej

- “1.它们为场地增加了经济价值。2.身处其中增加了人们的幸福感，甚至在记忆中都是美好的。3.它们产生氧气，意味着的人更健康，促进碳捕获……这只是我列出来的前三条！” A Longley@Axlongley
- “说它们值英国建筑研究院环境评估方法（BREEAM）的积分。” Tom Oulton@itsBIMupNorth
- “说它也可以给‘良心建设者计划奖’加分（比BREEAM的分更多），然后项目就能获奖。还得让他们接受一些有关幻灯片入门的培训、工具软件讲座，还要定期审核和现场监察的合同条件等。他们再签一份供应链许可证，可能会有帮助。还要多用用现场的那些话术。” Andrew Kinsey@AndrewDKinsey
- “提一提强制执行通知书。” Louise Baugh@lpbaugh
- “在办公室的墙上贴一张真人大小的《罗拉克斯》(*The Lorax*)海报。但还是得更严肃地聊一聊树是如何经过漫长的时光长成参天大树的。看到一棵树倒下总是让人感到挺遗憾的。” Lizbet_AmericanStone@MrsQuartzite
- “如果树木遭受破坏，议会应该支持林业官员关闭场地。他们有权力，但往往没有执行的意愿或知识。” Brian Hawtin@BJHawtin

多伦多市

多伦多市非常重视对树木的保护，可谓力度空前。其方法如下：

- 损坏街边树木可处以最高10万加元（超过6万英镑）的罚款
- 与树木相关的批文名为“树木伤害或毁坏许可”[5]
- 为施工场地附近的树木制定城市特有树木保护政策，规定用2.4m高的胶合板防护围板
- 市内树木保护标识按标准布局，附有掌管许可证部门的详细联系方式
- 制定严格的行道树保护法律条例，禁止在未经批准的情况下，在行道树上钉挂任何物品，如标志或装饰灯等
- 城市树冠覆盖率的目标由27%提高到40%[6]
- 保护所有直径为30cm及以上的行道树和私家树
- 要求工程获得市政府批准后才可以发放树木防护保证金或信用证，“等同于受保护树木的估价、移除费用以及树木重置费用”[7]

网友提到的如BREEAM和“良心建设者计划奖”等激励方法有其可行性，因为获得认证也是客户的目标之一。

强调树龄与树木的重要性，强调移除受保护树木的隐性影响，甚至罚款，相信这些举措都有助于减少不良行为。我们也应该为树木提供物理保护，如固定的屏障，在整条围栏上有间隔地设置防风雨标识。正如安德鲁·金赛（Andrew Kinsey）所建议的那样，“标志应采用所在地常用语言”。

英国标准BS 837:2012《与设计、拆除和施工相关的树木——建议书》非常明确地规定了保护区域的处理措施，指出这些地区应被视为“神圣不可侵犯的”[8]。遗憾的是，主张保留和保护树木却始终是我们工作实践的一部分。

耐人寻味的是，英国规划法的唯一要求是，当树木可以带来“福利”时，才有资格受到法律保护[9]。但是法律中没有对“福利”这一术语进行定义，但政府指导性意见要求地方当局进行预见性评估。例如，从规模和形式等方面评估对个人、集体以及广泛群体的影响；评估未来作为便利设施的潜力；评估其稀有性、文化或历史价值；对景观的贡献、与景观的存在关系；以及在保护区域特色和外观方面所发挥的作用。

也可以考虑其他因素，如自然保护或应对气候变化的重要性，但这并不是树木受保护的主要原因。城市树木发挥的宝贵作用是提供生境价值，储存大量的碳，以及改善空气质量。然而，景观建筑师应铭记的是，在某些环境中，对一棵树的全部要求就是好看。

图5.8　反季节时很难发现稀有物种——奇尔特恩地区当地的风信子，2019年，牛津郡

生境

根据场地性质，无论属于场地内还是附近区域，都要求对重要生境区域进行保护。如果生境区域隐藏较深，难以与周围地区有所区分，比如某一地区的稀有植物物种只能在一年中的特定时间才能看到，这样很难判断保护范围。

生境容易受到施工的诸多影响，如灰尘、噪声、光线或振动。水质的微小变化或淤泥的激增都会破坏一个复杂而成熟的水生生态系统，人行道上浸出的矿物质可能会影响邻近草地上的物种，因此，采取措施防止意外性损害格外重要。

我参与的许多项目都包含详细的栖息地保护措施。其中一个项目是修建一条新的旁路通道以减少洪水泛滥，其中对一种重要物种——豌豆贻贝的生境进行了大量保护工作。贻贝仅有几毫米宽，肉眼难辨。生态调查阶段已经确定了该物种的存在，经过精心设计，在施工、投入使用期间，该项目方案对淡水生境不曾产生任何影响。该项目受托于负责保护和改善环境的英国环境署，因此环境保护是该项目的核心内容，整个项目团队都懂得保留重要物种的价值所在。

然而，在其他环保意识薄弱的项目中，客户会将生境保护视为不便因素。同保留的树木一样，重要物种也受立法保护，问题是，如果二者都需要法定机构进行强制保护，这就表明其余那些保护措施都是失败的。

声誉

"你需要做很多好事来打造一个好名声，但失去这个好名声只需要一件坏事。"

本杰明·富兰克林

一旦项目在现场启动，客户和项目团队声誉受损的风险就会明显增加。严格制定标准和原则，如前面章节中提到的合理采购材料，或是评估供应链中劳工状况，都可以降低一些风险。

声誉是一种认知形式——未必能反映一个团队的真实属性，但它反映了社区、供应商、员工、监管机构或客户对团队的认知。一些团队，其声誉和实际表现之间存在偏差，无论偏差是正面的还是负面的。这通常被称为"声誉-现实差距"[10]。项目本身会揭露这一差距，有时正因为一个项目团队没能达到先前努力企及的标准，导致其观念发生变化，反而帮助团队更客观地认清现实。营销团队过于热衷推广他们的公司，会在不经意间拔高客户预期，而这些期望固然是无法满足的。声誉受损，将连带影响到与其他客户的合作，例如由于媒体的不实报道被误认为是不考虑环境、只受利润驱使的建筑师。

可以通过提高团队实现期望的能力，也可以通过减少承诺，从而降低预期来缩小"声誉-现实差距"。我们要做的是加大员工培训力度，确保时间表是切合实际的。

随着项目从理想走向现实，真正地从脑海中走到施工现场，客户的角色发生转变。设计变更的后果比我们想象的后果要严重得多，成本也将大大增加。客户往往会千方百计地争取完成方案。设计阶段是以客户为中心，进入施工阶段，重心发生转移，施工现场交付工作的人占主导地位，成为项目中心。

项目团队

在此阶段，项目团队的构成发生变化。在设计阶段给予协助的专家顾问将减少参与。主要任务由承包商和其他分包商承担。

设计质询

现场施工一经启动，应该立即解决设计质询问题。在设计阶段的拖延仅仅影响启动时间，但对于施工现场来说，拖延的代价会即刻显现出来。尽管情况尤为紧急，还是需要全面评估每一项变更的影响，审视其深远后果。一个仓促的决定可能会在施工中或项目投入使用时引发更多问题。危急的情况可能会诱使你创建一个临时解决方案，这极有可能又催生出另一个新问题，然后我们把这问题留到了下一阶段，可那时设计团队也许已不再参与其中。在软件开发中，将这种情况称为“技术债务”，即在短期内选择一个简单而不是最佳的选项，为整体解决方案增加额外的工作量[11]。这可称不上是一个好方法，除非“纠正债务”的第二步已经被纳入整体解决方案。我们以项目场地的开幕仪式为例，你可以选择使用一种视觉上有吸引力，但耐磨性较差的临时铺面材料，当时间允许时，就必须针对这种材料商定一个更长久的解决方案。

质询的提出必须根据迄今为止做出的所有决定，例如设计目标、符合规划条件的项目等。记录并审查决策，以及决策背后的理论依据，以便日后凭此依据做出更多决策。施工前，需要与规划机构详细商讨种植计划以及树木的位置，避免在施工现场仓促决定，这会极大地影响和削弱我们在项目团队中的作用和地位。

景观建筑师在工作上的付出多少有些深藏不露，如生境保护，更广阔景观的视觉效果，对地下设施或对受污染土壤的保护。由于工作之处过于细微，在客户或项目团队的其他成员眼中，项目元素的放置、设计的选择会略显武断，所以，由景观建筑师对项目中的潜在变化做出评估是一件极为重要的工作，我们可以把握更多细节。最好就这些细节做出充分解释，才能让这些依据我们实践经验做出的决策得到认可。

既然我们需要对质询做出快速回应，那么在设计阶段商定的优先级层次在施工阶段就显得尤为重要，例如在施工阶段时间优先于成本，有关授权的问题也要达成一致——项目团队可以决定什么，哪些是需要提交给客户的，而哪些是提交给客户的董事会或高级经理的。

大多数客户并不关心铺装材料的放置是否精准，只要符合商定好的风格或概念就行，他们真正关心的是一旦供应方面出现问题，是否需要更换材料类型。出于对财务、时间或设计的考虑，“达成一致”这个门槛很重要。客户能考虑到的变动都是增加的成本超过了商定范围，工期时间超过了商定天数，施工情况严重偏离原始设计之类的。采取怎样的应急措施，由谁来处理意外事件都是应该重点商榷的问题。

联盟承包

20世纪90年代初，为了应对北海石油平台建设中过于复杂的合同关系，联盟承包应运而生，复杂的合同关系经常导致项目超支，使项目陷入长期的法律纠纷之中。英国第一个著名的联盟是在英国石油在安德鲁油田的一次合作中产生的；这种新型的合同模式大大节省了成本，缩短了工期，改善了健康和安全相关记录，因此建筑业等其他领域也开始采用这一概念[12]。

在联盟承包中，传统的“客户—顾问—承包商”的项目结构被各方之间的一份合同所取代。

英国财政部2014年的一份报告指出，联盟合同最适用于复杂的项目，凭借各方之间的高度融合，“在客户和交付团队各尽其职和清晰明确的领导下，推动改革与完善”。

表5.3　联盟承包与传统合作的差异

联盟模式	传统模式
- 主办方与各联盟之间签订一份合同	- 责任人与各方之间单独签订合同
- 风险由各方共同承担	- 各方分别承担相应风险
- 各方的共同表现是成功的基础	- 评鉴各方表现
- 在相互信任中订立合同	- 在互相争议中订立合同
- 合同阐明结果，鼓励变革和创新	- 合同是一种严格规定，试图预测全部结果，不考虑任何变更
- 基于信任度和透明度	- 为解决争议制定条款
- 期盼交付方的变化和创新	- 难以适应变化

参考LH 联盟摘要。[13]

该报告将联盟描述为“一种将完整供应链中密切合作的团队整合到一起的协议。团队的共同目标是满足客户需求，并且各团队采用相同的绩效考核方式”。

2018年6月，英国土木工程师学会的商业部门编制了NEC4联盟合同(ALC)。这种新型的NEC合同提及，重大项目或工作方案的设计都必须坚持以长期合作为核心。同时，还可以将一系列价值偏低的项目合并成一个较大的工程项目。该合同要求“工作应本着相互信任和合作的精神”。

协作

在施工过程中，协作方式仍在发挥重要作用。合作意味着寻求共识。不存在让每个人都满意的完美协议，但也不该让各方都在勉强遵守。第4章中提到的“为故事服务”理念仍行之有效。

合作成功的障碍可能就是一些基本问题，例如那些不兼容的文件格式、管理不善的文档问题或绘图中糟糕的分层标准，一些难以处理的问题也会成为阻碍，如不和谐的工作氛围或基本业务能力不足等。

要想完成协作必须依靠清晰的角色作用和明确的职责分工，应该本着解决问题而不是指责的态度。问题必然会出现，如何以快速、专业的方式妥善处理这些问题才是关键。一些新型合同的出现恰好反映出大家处理问题的方式正由对抗转向合作。

诚信与项目精神

“相互信任”是所有项目的必要条件，无所谓规模大小。项目团队的每位成员都需要彼此依赖，有时甚至要依赖全体成员，而非某几位。你必须相信，现场施工人员的操作是符合规定标准的，其他成员给出的建议是正确的，替你行事的人是准确无误的，他们的所作所为是不会损害你声誉的。出现问题的话，合同为我们提供了一条退路，但是项目的日常运行很大程度上仍旧依赖于各方之间的信任。建立一种信任和透明的团队文化，不管问题多么棘手，出现问题大家都敢于提出问题，总比坐以待毙希望问题自行消失要好得多。

工地管理

建筑工地的管理同样主要依赖于信任。我们要相信其他人按照约定质量完成了工作。也相信其他人充分了解了健康和安全风险并采取了应对措施，大家都在尽职尽责地工作。虽然一些人为因素难以避免，但可以依靠技术支持。

我们可以使用智能手机等技术设备来记录现场进度，同时完成工作总结日志。廉价的网络摄像头可用于监视出入口等特定位置，实时查看现场情况，保存下来的照片用作交付或现场考察的证据。照片可以保存到共享的Trello或Basecamp在线相册或项目管理软件中。利用Zoom或Skype等应用程序的视频通话功能，让现场工作人员即刻展示场地内遇到的问题，注意不是让他们解释问题，而是“直播”问题，把这些技术性问题交给场外同事或供应商去解决。当然了，我们私底下都会有些常用小技巧对提高我们的工作效率会有所帮助，但一定要严格遵守隐私和安全问题。

增强现实头戴式耳机或云点扫描等，这类更复杂的技术手段可辅助监控工程进度。

技术手段的确为我们的现场工作提供了有力支持，但始终无法取代人类，它不能与现场工作人员亲自交谈，也不能

项目管理和沟通工具

有关项目的信息、通信和决策跟踪可能是管理工作中比较复杂的一个环节。1994年的《莱瑟姆报告》用“无效”和“分散”来形容建筑部门，建议应该加强伙伴关系和团队合作。随着时代发展，技术不断进步，改进团队工作的工具也不断涌现。[14]

工具在创新，项目团队内部默认的沟通方式却始终是电子邮件，它实在称不上是优秀的协作工具。不具备识别功能，很难从一长串邮件中发现决策邮件，也不可能进行实时对话。出现什么问题你也不可能对一封电子邮件进行问责，因为不是所有的系统都会记录邮件是否已经发送或打开。已经有一些项目管理和通信工具可以取代电子邮件，它们可以将文档链接到任务或注释，并将已完成的任务标记为已解决。协作软件最初被描述为群件(Groupware)，具备虚拟会议空间、聊天工具和文档实时共享等功能。与电子邮件不同，这些工具的主要好处是信息公开化，发布后所有人都可以进行编辑，而且便于搜索。

麦肯锡全球研究所(MGI)2012年的一份报告发现，在接受调查的4200家公司中，72%的公司使用内部社交工具，如Slack即时通信软件、Yammer通信平台、Chatter社交软件和微软Teams应用程序等[15]。结果令人大吃一惊：公司为了达成工作目标，利用这些工具寻找相关专业人士，成功匹配的可能性高出31%。节省了大量查找内部信息或联系同事的时间。MGI预计，通过全面整合社交网络技术，公司“在这些互动型、高技能知识型员工的参与下有机会将生产力提高20%～25%，当然这类员工既包括管理人员也包含专业人员”。我们中的许多人可能已经使用上了这些工具，比如共享电子日历或共享在线文档，但由于使用路径不同，每次使用都需要分别查看也是一个问题。最好的工具应该是将通信和文档管理全部结合在一起，允许用户以适合他们的方式接收通知，但团队在应用时要确立一个中心参考点。当然实现这些的前提条件是，各部门都使用相同的工具——它们需要成为信息的唯一来源，否则用户还是会回头使用电子邮件这种不太开放的系统。非特定部门使用的一些工具如下：

- Airtable项目协作软件: 在线电子表格的无代码关系数据库，可以存储图像和其他附件，允许多个用户同时处理同一文件或数据，集合了电子邮件、日历和社交媒体等多种功能
- Basecamp项目管理软件：基于万维网的项目协作和管理工具，提供了待办事宜、日历、文件共享和类似论坛的消息板等多种功能
- 谷歌软件（Google Apps）的“软件即服务”：基于万维网的实时文档协作
- 微软办公软件：包含一些用于实时文档协作的工具
- Slack聊天群组软件：云协作工具，采用聊天工具的方式，整合了许多其他工具和服务，如Dropbox、奥多比（Adobe）Creative Cloud和谷歌云端硬盘（Google Drive）等
- Trello可视化工具：在线项目管理应用程序，借助看板功能为项目团队提供可视化服务
- Yammer企业内部通信平台：团队协作软件和私人社交网络服务

PACMAN 软件包管理器

总部位于布里斯托尔的伊甸威尔·杨土木工程和科学咨询公司（Edenvale Young Associates）始终未能找到满足他们项目管理和时间记录需求的软件，于是自行研发定制了一款管理软件。获得ISO 9001质量管理体系（QMS）认证，于2014年首创第一个版本[16]。

后来演变成了PACMAN，一个可以在网络浏览器中查看的复杂数据库。该系统整合了：

- 客户数据，包括联系方式、项目协议、发票、费用、变更控制以及客户反馈
- 项目经理委派与销售管理，包括准备提案的成本和预测日后工作量
- 工时表录入、员工成本、员工利用率、加班、年假和开销
- 项目特殊的时间节点，如招标、启动、发行和完成日期
- 供应商和分包商的信息，包括发票和付款。

将所有这些信息整合到一起，使伊甸威尔·杨能够创建一系列面板，进而可以：

- 检查正在运行和已完成项目的每日状态
- 跟踪发票和付款
- 管理工作量和员工利用率
- 核查需要仔细监测的项目

该系统允许根据ISO 9001进行快速审计。PACMAN有一个有趣的“改进”功能，员工可以在这里发表想法或提出发现的问题。

检查工作完成情况。这些工作还是需要由我们去完成，而且完成的质量会影响到我们的声誉，问题在于如何将这些工作体现在我们的报价中，为检查工作和商定设计变更所付出的时间成本可能不包含在费用预算中，也会出现受之有愧的情况，实际上未参与过的决策，却将景观方案归功于我们。

如果工作过于复杂或不寻常，我们需要花费一定的时间去解释设计原理，以及元素以指定方式布局的原因。因为施工人员不太可能参与设计过程，更不了解2D图纸的基本原理。这时技术着实是最好的帮手，然而无论技术多么先进，与施工人员建立良好的工作关系才最为重要，他们是将你的项目从设计变成现实的人，什么都代替不了。

采购物料

施工过程中，材料的供应和来源存在不确定因素。景观建

筑师面临的情况格外复杂，我们采购的一些材料是有生命的，需要一定的生长时间，所以不能像其他组件那样按需制造。每年不同物种、不同规格的树木供应有限，诸如恶劣天气等问题都会减少供应量。植物库存的释放也会受到天气的影响——只有在植物经历了足够寒冷的天气而进入休眠状态时，苗圃才会释放裸根植物存量。

提前储备植物是明智之举，尤其是稀有或较大的苗木。在夏天，当植物或树木长满叶子的时候，参观苗圃更易于检查植物的健康状况，也利于为群组树木或林荫道选择形状相似的树木。若是在苗圃中选择了个别植物或树木，他们通常会在树上固定一个防窜改标签，并记录编号，这样景观建筑师就可以确定到达现场的就是他们选择的树木。

客户很难体会到参观苗圃的价值，尤其是涉及出国参观的时间和费用时。

然而，与大规模生产的建筑组件不同，很难保证苗圃提供的苗木与你所看到那一棵树木样本是完全一致的。我们需要让客户理解一棵符合标准的树在大小和形状上都会产生自然变化。英国标准BS 3936-1《乔木和灌木规范》允许一棵标准树的高度变化在50cm以内，这会使树冠的大小呈现出明显差异，这样的话，相同规格的树在同一组中也会出现树势失衡的状况。对非正式的公园或生境地来说这可能不成问题，但用在林荫道或作为一个入口的特征点，这种起伏不平的树势会影响整体效果[17]。

项目逐渐从概念转变为现实，我们的角色也会随之发生变化。如果我们在分包关系上走了很长一段路，甚至连现场都没去过，在不了解我们的决策缘由下，现场工作人员擅自更改设计，这是一种危险处境。无法直接接触客户或现场工作人员，这种疏远的关系不利于我们处理问题。如果我们是领导者，或项目团队的一员，且每位执行者的地位都是平等的，我们就可以花大量的时间在现场检查细节，建立人际关系，处理出现的问题。

广泛群体

启动后，施工对地方和社区造成的实际影响也会逐一显现，我们工作也从“无形化为有形”。清理完场地，搭建完施工围场，卡车陆续抵达。咨询或宣传工作做得再怎么谨慎，工程规模还是会让一些人大受震撼，需要巧妙处理他们的顾虑。毕竟上完夜班后需要补觉的不是我们，刚入睡就要被一辆抵达现场的卸货卡车吵醒，那时的心情我们可以感同身受，你也完全可以想象试图在家工作的人被机器发出的噪声和振动所激怒。尽管广泛群体满心期待方案的完成，期盼其为社区带来积极效益，但在短期内，这种被扰乱的生活还是让人难以忍受的。

公众在建设中的作用

我们进行的许多项目至少有一部分是为了公众利益，要么明确地作为公共休闲场所，要么更委婉地为人们提供环境福利。公众可能不是我们的直接客户，积极的也好，消极

现场混合现实

混合现实是对增强现实的发展，该技术是在现实环境中引入计算机生成的虚拟场景信息，将虚拟对象锚定在现实世界中。混合现实是增强现实的一种高级形式，是在神奇宝贝Go（Pokémon Go）等电子游戏领域中率先使用的一种技术。与虚拟现实不同的是，用户不是完全沉浸在一个虚拟的环境中，混合现实允许用户在四处移动时既能看到现实场景，同时可以调取面前真实场景的相关信息。

运用BIM创建项目虚拟3D模型的同时，混合现实也开始应用于建筑行业。将微软HoloLens等设备当作智能眼镜，或者将其安置在安全帽中，佩戴后用户可以在现场看到1：1大小比例的虚拟模型[18]。安装使用手册等数据直接链接到虚拟模型，通过眼球转动、手势和语音命令在虚拟模型内进行查看。

这种免提体验系统类似于飞行员使用的平视显示系统，飞行员只有在抬头时可以在系统中查看相关信息，而低头检查仪表时并不会显示任何信息。这种智能眼镜无须电线，也不需要连接电话或电脑，现场工作人员无须手动操作就能获取信息。利用该系统创建一个故障列表的链接传输到虚拟模型中可以检查工程中的纰漏。

景观建筑通常会涉及新元素与现有环境的精心整合。混合现实可以让我们在现场实时观察项目的视觉效果。一些工具已经可以加载到平板电脑上，创建简单的体量模型或覆盖基准地面的模拟平面图，用户直接进行现场测试，但这些工具使用起来相对受限，需要将平板电脑与眼睛齐平。

这种系统价格不菲——撰写本文时，配备HoloLens 2的Trimble XR10的建议价格为4750美元，我们相信该系统同其他新兴技术一样，尺寸和价格会随着时间的推移而降低。我期待能开发出更周到的功能选项，这种免提设备的前景非常可观，你可以用它拍照、查看现场平面图或测试视点，在寒冷的工地巡视时戴着手套仍可以使用。

的也罢，多少都会对他们产生一定的影响，很少有项目会说对广泛群体毫无影响。

美国风景园林师协会（ASLA）的职业道德准则规定，“会员应通过出色的工作表现，努力保障客户及公众的利益”[19]，强调了我们工作的深远影响，这一点是无可厚非的。我的意思是，在工程的各个阶段都应该为公众着想，从动工到拆卸，特别是在施工期间许多潜在影响可能在短时间内就会暴露出来。

管理中断风险

我们的工作经常对那些在施工现场附近生活和工作的人产生不利影响。我们热爱我们的工作，喜欢看到我们的设计初具雏形，但创造的过程无疑会侵扰人们的生活。在设计阶段需要考虑那些导致建设中断的破坏性事件，不然将导致侵扰行为层出不穷。

现场切割石板需求最少的铺路方案，不仅有益于施工人员的健康，还能减少噪声和灰尘；规划土壤管理，以便保留现场的土壤，最大限度地减少移除或引入土壤的需要；审查现场流程，看看是否可以避免更具破坏性的行为，或在现场采取措施将影响降至最低，都可以降低现场施工的中断风险。

更新公众信息

在许多建设项目中，保证居民和企业获得相应信息至关重要，这样人们可以针对干扰最严重的时期进行生活规划。

开放日 | 影响到人们家庭和工作生活的项目，举办公众开放日是解决问题的有效方式。当地群众可能对一项计划很感兴趣，因此在施工期间组织居民参观幕后工作将受益匪浅，在一种非正式的场合与当地居民进行交流。居民们可能会提出一些在正式场合不会提及的问题，如现场工作人员的行为或噪声问题等。我们应以真诚的姿态对待整个公众交流过程，这不能只是走过场。因为有些问题在我们看来可能微不足道，但对当地居民来说却十分重要，有些问题我们可以轻易解决，然而有些影响可能是无法缓解的。没有交流，可能我们永远都不会发现问题所在。

每年三月在英格兰、苏格兰和威尔士举行的“门户开放周”让人们有机会到现场看看，如道路规划、医院和科学园等建筑工地的实地建设情况。

现场信息 | 根据项目的性质和位置，相关信息的发布可以采取多种方式。小型企划可以张贴现场海报，概述工作计划并列出联系方式就足够了。对于复杂或有争议的项目，一系列管理工作是必不可少的，诸如宣传、应急电话、电子邮件和社交媒体查询，以及媒体报道等等。至少所有场地都应该附有客户的详细信息、工作时间、工作概要，以及非工作时间的紧急联系方式。其他细节则应列出项目团队的联系方式、任何授权的证明以及授权方的联系方式、即将举行的活动、在线资源的链接、资助组织的详细信息以及项目背景信息。

在社交媒体可以快速传播图像和信息的当下，关注公众的看法和态度显得尤为重要。有时可能需要我们出面解释那些被误解的技术。在英国吉尔福德，一张建筑工地周围的网状树照片在短短36小时内被分享了2500多次，点赞量达4000多次，收到了1800多条评论，导致国家级媒体发表文章评论此事[20]。公众总是将不佳的建筑外观与负面的设计初衷联系到一起，因此提供现场信息也是此类风险的一种应对方式。

WHAT3WORDS（三词地址）定位系统

在那些在建筑项目附近生活和工作的人看来，主要困扰之一是大量的运输车辆，当运送车辆抵达现场或在狭窄的街道上转弯时，经常引起交通阻塞。

许多地点的投递地址可能就是个邮政编码，位置并不明确。即使有门牌号，也很难找到入口位置。某些国家可能缺少适当的定位系统。

WHAT3WORDS定位系统很好地解决了这一问题[21]。该系统将世界的表面划分为3m×3m的正方形，并为每个正方形匹配独特的3个词作为相应地址，不仅容易记忆，而且可以使用手机等设备的语音输入进行搜索。以伦敦帕丁顿站南步行街入口为例，匹配词为“花生/充裕/想法”，再如用 “博物馆/局外人/膨胀”可以搜索到威尔士的斯诺登山顶峰。

在绘制树木或街道设施等固定元素位置时加以利用，为场地入口创建地址，为开阔的乡村设定定位特征。还可以将该系统融合到第3章讨论的开源GIS软件QGIS中。WHAT3WORDS是由音乐行业的专业人士克里斯·谢尔德里克（Chris Sheldrick）创建的，因为参加现场音乐活动的乐队经常迷路，设备和用品经常丢失。他和两个朋友一起开发了这个系统，现在已经扩展到手机应用、照片应用和在线地图工具。包括联合国在内的许多组织都在使用该系统，并将其作为灾害报告应用程序的一部分[22]。

图5.9 威尔士某地的what3words地址

紧急情况｜至少所有的场地都应该有一个24小时的紧急联系电话，随时有人接听。该号码不必是电话专线，可以在项目期间购买本地或免费电话号码，然后转移到值班手机或外包总机，然后将电话转接给相关的团队成员。

除了最小的方案之外，项目团队应该为所有方案建立一个处理公众和媒体询问的流程，商定主要联系人。倘若没有妥当处理周日下午一个记者打来的非正式电话，也许就会升级为一篇负面报道，不利于项目或客户的良好形象。

记者、博主和社交媒体社区可以成为项目的有利支持者，相应地，他们的负面媒体报道也是极难应对的，可能会波及任何一位团队成员。所以设定一些大家都认可的擅长咨询且有经验的联系人，并将他们的电话保存在联系人列表

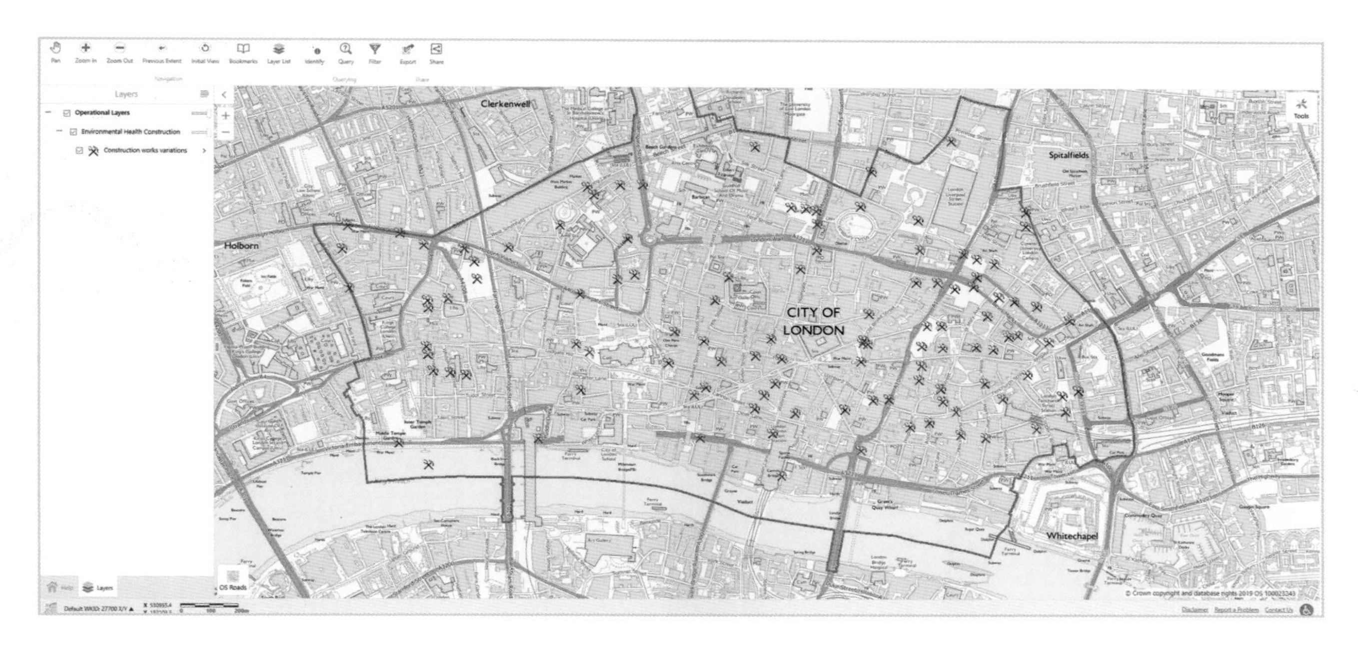

图5.10　伦敦金融城交互式地图允许居民查看非工作时间的指定建筑工程，2019年[23]

中，有一个统一的应对方式。利用项目网站，或与项目团队共享的常见问题（FAQ）是处理公众查询的有效方法。

当我们开始到现场工作时，切记我们所处的环境是人们生活和工作的地区，即使是得到当地大力支持的项目，如果一直产出负面影响，再有耐心的人也会不堪其扰。设计阶段应该尽量降低潜在的中断风险，采取必要的管理手段保证社区信息持续更新。

项目从计划转变为现实是一个令人兴奋的过程。这个过程是暴露隐性问题的时候，也是验证设计的时候。资金支出急剧增加，风险也会随之变大。工程完成后，立即发布竣工图，纠正其中的缺陷，及时商定维修方案。

精心建造者计划

1997年，名为“精心建造者计划”(CCS)的非营利组织在英国成立，旨在改善建筑行业的形象。该组织由建造业议会根据《莱瑟姆报告》的调查结果而设立，该报告曾用“效率低下”和“无法为客户提供服务”来描述建造业。CCS认为，“如果所有建筑工地和公司都表现出管理能力强、效率高、环保意识强，尤其与施工地周边建筑形象能协调的话，那么这将成为一项正向的宣传，不仅对建筑工地自身而言，而且对整个行业亦是如此”。建筑工地、公司和供应商均可注册该组织，但必须履行《CCS实操守则》的各项条款。网站监察员会到访网站，而CCS亦设有网站投诉处理程序。

守则由五部分组成，包括：

- 注重外表
- 尊重社区
- 保护环境
- 确保人人的安全
- 重视员工劳动力

其中，“尊重社区”守则指出，“建造者应最大限度地考虑对周边地区及公众的影响”，包括：

- 告知、尊重并礼貌对待受施工影响方
- 尽量减少因送货、停车和施工对公共层面的影响
- 支持并为当地社会和经济做贡献
- 努力营造积极和持久的形象并推广该准则

作为评估过程的一部分，CCS监察员会问询受工程影响的各方是否都得到了确认和通知，并得到了礼貌和尊重对待，其中包括为公众提供24小时服务的信息指示牌。他们的“最佳实践中心”是一个有用的智库，提供包括管理工地入口和工地标识的想法。社区部分提供了有用的案例研究，其中包括为受工地灰尘影响的周边居民免费提供专业的汽车和窗户清洁服务，培训阿尔茨海默病患者陪护人员以建立环境友好型工地，以及为孤独症学生创建视觉社区系统。

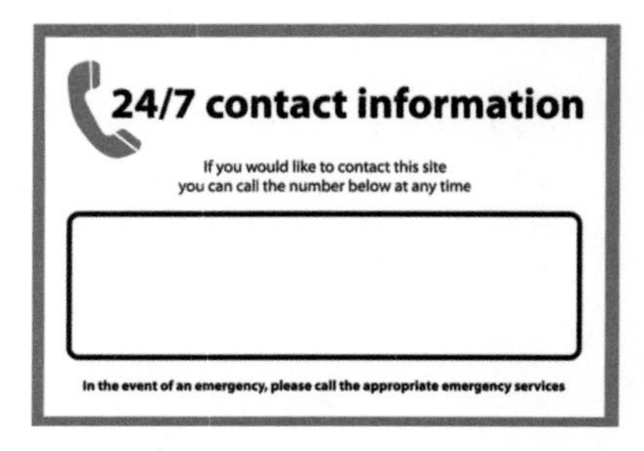

图5.11　“精心建造者计划”24小时联系信息海报

图5.12　全工地标识向周边居民提供详细的联系方式和更新信息；摩根·辛德尔建筑与基础设施有限公司为蒙茅斯郡议会提供的2015年蒙茅斯郡拉格兰小学工地标牌

5.1 Case Study

NEW LUDGATE

CITY OF LONDON

5.1 案例研究

伦敦

新卢德门

标题
新卢德门广场

客户
兰德证券集团

位置
英国伦敦卢德门山/老贝利街莱姆博纳巷16号

完成年份	项目价值
2015年	200万英镑

方案类型
公共区域和屋顶花园

景观建筑师
古斯塔夫森·波特与鲍曼设计事务所

业主
兰德证券集团

承包商
主承包商——瑞典斯堪斯卡公司

供应商
植被供应商—— Coblands苗圃，迪普戴尔花园，林德姆集团，罗宾塔奇植物苗圃，范登伯克苗圃

铺路——马歇尔黏土产品公司，葛姆莱美术馆

图5.1.0 定制石凳；2019年，伦敦新卢德门，古斯塔夫森·波特与鲍曼设计事务所为兰德证券集团设计

图5.1.1 从贝拉·索维奇通道望向莱姆博纳巷，铺面细节特写；2019年，伦敦新卢德门，古斯塔夫森·波特与鲍曼设计事务所为兰德证券集团设计

项目团队

结构顾问——沃特曼集团

总体规划——弗莱彻牧师建筑事务所

规划顾问——DP9公司

建筑——弗莱彻牧师建筑事务所，索布鲁赫·胡顿建筑事务所

工程材料测量师——格利资工程咨询有限公司

机电工程——沃特曼集团

照明顾问——斯皮尔斯与梅杰合伙人事务所

消防顾问——奥雅纳工程顾问

访问顾问——布罗·哈波尔德工程公司

获得奖项

2017年获得芝加哥雅典娜国际建筑奖

2017年入围英国皇家建筑师协会国家奖

2017年入围《建筑师杂志》建筑奖（景观类）

2016年获得伦敦年度城市建筑奖

2016年获得欧洲杰出建筑师论坛建筑奖，年度最佳开发商和开发项目

2016年获得英国皇家特许测量师学会颁发的年度商业建筑奖

2016年获英国景观学会奖“杰出贡献奖”，最佳小型开发奖

2016年入围新伦敦建筑协会，年度商业建筑奖

2015年入围BCO商业办公空间设计奖

2015年入围FX国际室内设计大奖公共空间规划

新卢德门以罗马伦敦城的西大门命名，临近老贝利街、英格兰和威尔士中央刑事法院和伦敦城的圣保罗大教堂。该历史遗址涉及众多伦敦主要历史事件——该地区出现在了1666年伦敦大火烧焦的地图上和第二次世界大战中炸弹爆炸地点的地图上。

该地区在密集的商店、庭院和公共住宅被炸弹摧毁后进行了重建，直到2011年需要重新规划开发。一座20世纪80年代的办公大楼仅提供了有限的公共设施，而且违反了樱草山和圣保罗大教堂观景走廊的高度限制，因此，兰德证券集团联系了该区的规划机构伦敦城，讨论该大楼的重建事宜。

总部位于伦敦的古斯塔夫森·波特与鲍曼设计事务所所受命于项目的初期阶段，直接由客户任命，并与项目团队的其他成员平等合作。景观团队参与了早期的设计研讨会，将景观方案纳入总体规划阶段之中。

该场地的总体规划采用了伦敦金融城典型的窄巷概念，在一条新的公共大道两侧建造2栋9层建筑，这条新公共大道以15世纪位于该场地的马车旅店贝拉·索维奇命名，该旅店为了给维多利亚时代的铁路高架桥让路而被拆除。综合考虑了整个场地的水平高度变化，修建了更便利的行人通道。这条被古往今来的搬运工和信使视为捷径的通道一直提醒着人们，自罗马时代以来，这里一直是繁忙的商业区。

图5.1.2　伦敦金融城圣马丁卢德门，卢德门山：以圣保罗大教堂为背景从西南方向看到的尖塔，1896年

该场地位于一个建筑高密度区域，有办公室、商店和咖啡馆，但户外可利用的空间有限。虽然该场地为私人所有和管理，但客户想要模糊公共和私人空间之间的界限。

伦敦金融城的许多地方，排水槽或路面的变化代表着明确的空间所有权界限。为了避免这种生硬的视觉边界，设计团队采用了一种铺装模式，在两个空间之间进行过渡。古斯塔夫森·波特与鲍曼设计事务所使用手绘草图和3D建模，开发了一套9个可重复的铺装形状。

图5.1.3　面向莱姆博纳巷的贝拉·索维奇通道，铺面细节特写；2019年，伦敦新卢德门，古斯塔夫森·波特与鲍曼设计事务所为兰德证券集团设计

使用3D数据切割的石头铺装材料呈现出一种随机的模式，增加了场地中心的多样性，代表着从公共空间到私人空间的过渡。

街道广场上的石凳提供了一个休憩的地方，可以静静地坐在一棵远离主街的郁金香树下。定制长凳的形状与路面图案相似，不同高度的座椅也成为一个微妙的综合屏障，以防止车辆通行。

该方案还在高层上建造了一个屋顶花园，利用建筑轮廓中的台阶来保证圣保罗大教堂和两个绿色屋顶区域的良好视野。

景观团队应该多花时间与现场工作人员相处，多参与现场工作，帮助现场工作人员理解设计理念，让他们知道出现大小问题可以找谁进行答疑。NEC合同的出现可谓一劳永逸，有了它，景观建筑师可以密切参与决策，还可以参与分包商的选择，甚至与主承包商一起预先批准项目。

施工过程出现问题时，人们的第一反应往往是要指责哪些人做错了什么，但是景观团队更注重培养一种合作精神。他们的做法是静观其变，待整件事情浮出水面后，让其他人充分解释自己在整件事中所起到的作用。无论项目细节做得多么细致，许多决定依旧需要根据现场做出判断，特

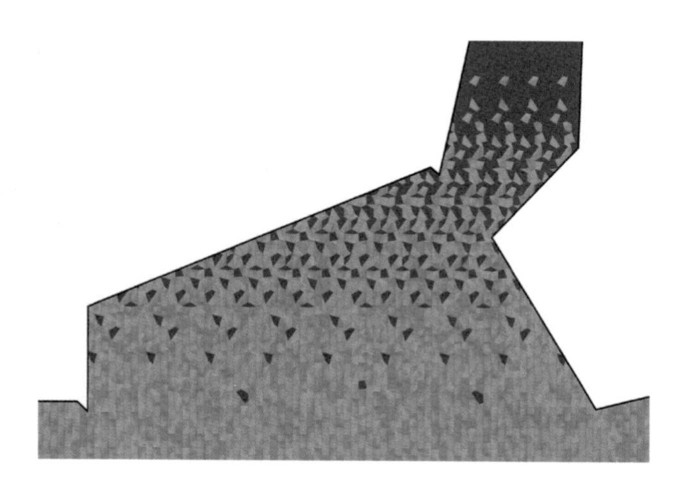

图5.1.4　铺装细节平面图；古斯塔夫森·波特与鲍曼设计事务所为兰德证券集团设计

别是那些受天气或天然材料固有变化等未知因素影响的景观项目，因此定期前往现场是必不可少的。

在处理公共和私人空间的边界铺装时，现场出现了一些实际问题，由于公共空间部分是由伦敦金融城的承包商执行的，不在客户所有权范围内，但这部分要与我们设计相结合。于是，古斯塔夫森·波特与鲍曼设计事务所需要与伦敦金融城及其承包商合作，进而实现两个所有权区域之间的边界模糊。

客户希望该项目是与众不同的，景观团队便以一个复杂而独特的空间回应了客户的需求，展现了景观建筑师更早参与整个设计过程的价值，也让建筑师享受到了与设计团队的其他成员平等的待遇。

图5.1.5 定制石凳与铺路图案相呼应；2019年，伦敦新卢德门，古斯塔夫森·波特与鲍曼设计事务所为兰德证券集团设计

图5.1.6 广场的景色，树和长凳，望向老贝利街，2016年，伦敦新卢德门，古斯塔夫森·波特与鲍曼设计事务所为兰德证券集团设计

图5.1.7 从莱姆博纳巷进入贝拉·索维奇通道，没有显示边界线的通道，2019年，伦敦新卢德门，古斯塔夫森·波特与鲍曼设计事务所为兰德证券集团设计

图5.1.8 屋顶花园；2019年，伦敦新卢德门，古斯塔夫森·波特与鲍曼设计事务所为兰德证券集团设计

图5.1.9 广场的景色；2019年，伦敦新卢德门，古斯塔夫森·波特与鲍曼设计事务所为兰德证券集团设计

图5.1.10 从屋顶花园眺望圣保罗大教堂，2019年，伦敦新卢德门，古斯塔夫森·波特与鲍曼设计事务所为兰德证券集团设计

Chapter Six

MAINTAIN AND EVALUATE

第6章 维护与评估

导言

随着现场收尾工作的完成，我们来到了满足客户全部要求的阶段，最终建成了一个可投入使用的场地。有时过于专注处理日常繁复工作，竟会让人忘记这才是我们一直在努力的目标。对建筑师来说这一阶段意味着参与工作的结束，但对客户来说是委托我们实现终极目标的开始。我们的工作逐渐接近尾声，场地开始投入使用，所有流程都在朝这一阶段迈进。

由于我们使用的是花草树木这种不断生长的有生命的材料，维护是必不可少的。即便是少量维护，也是一种维护——同其他生物一样，植物需要护理才能生存，尤其是处于生长期的植物。更换已衰败的植物可以算作最精心的种植管理计划了。我们需要提醒客户维护机制的必要性和重要性。

这也是RIBA工作计划中所指出的审查阶段。2013年版的工作计划将反馈和项目审查纳入其中，强调了评估工作的重要性。更新后的计划使得各阶段工作形成了一个闭环，上一阶段的经验教训应该结合到下一阶段的工作设想中。这种循环对于景观建筑来说再合适不过了，我们的工作就是一个随着项目逐渐推进而持续复查的周期循环。

图6.0　绵羊在斯基道峰（Skiddaw）前吃草——湖区沼泽地的景观处于放牧管理之中，2011年，英国湖区国家公园，斯基道峰

景观建筑师

现场工作逐步完成，我们在项目中的参与度随之减低。如果工作做得足够好，也许我们已经退出这个过程，为客户留下一个可持续使用的维护计划，帮助他们能够日复一日地经营好场地。若有幸我们的客户将这一阶段视为一个长期过程的开始，那我们就可以参与到场地的长期维护中，在出现新机遇或新问题时帮他们改善设计。我们总是奢望与这样一种客户合作，他们将景观建筑视为一个不断反思和完善的持续过程，而不是达到某种目的的一种手段。

我们可以在这一阶段回顾一下完成的所有工作，不局限于评估项目，还可以评估一下整个项目团队（包括我们自己）的表现。

表6.1　此工作阶段的要素[1]

阶段7——使用

- 掌握交接策略中任务的完成情况
- 掌握项目信息的更新情况
- 进行实地考察
- 进行现场勘测
- 项目小组会议
- 执行移交战略中列出的任务
- 设计团队会议
- 进行设计/技术审查
- 审阅更新的项目信息
- 申报碳排放
- 交换更新的“施工完成”信息
- 维护操作管理

图6.1　维护不善的例子——长满青苔的公园长凳，2019年

图6.2　英国国家彩票遗产基金会资助的Cefn Onn公园修复工作；2019年，卡迪夫，英国国家彩票遗产基金会威尔士专家顾问克莱尔·瑟尔沃尔

不进行评估，我们就不知道项目是否取得了成功。最终成果体现出了我们付出的所有努力，也反映出同事、客户和广大公众对我们的评价。我们的许多工作都是隐蔽的，比如会议表现或绘图质量，但我们的工作成果是公开的、有目共睹的。因此，评估也可以验证我们是否达到了为自己设定的标准。

维护

撰写项目简报、设计方案、咨询利益相关者、获得法定许可、花费大量资金，最终建造一个项目，如果不加以维护，那么之前的那些工作一点儿意义都没有。道理是显而易见的，但实际上，我们多数人都知道一些相当不错的景观场地，却因缺乏维护而惨遭遗弃。对这些场地设计的良好评价并不能阻止其走向衰落。

维护问题并不应在这一阶段才提上日程，初期阶段的材料商定就应该考虑到日后的场地维护，因为材料的选择影响着维护的程度。比如预期维护程度决定了使用什么类型的混合草种或道路边缘。

很少有客户能够百分百准确地预估场地管理所要花费的成本，事业单位的规章制度很容易影响到预算评判，但维护津贴又应该属于项目预算的一部分。在英国，规划许可通常要求一个场地至少维持5年，一些资助方，如国家彩票遗产基金要求在完成后10年内提供财政资源，客户必须遵守这些承诺[2]。

我们需要针对不可预见的或没有规律的维护成本制定一套有效机制，如清理涂鸦或处理恣意破坏行为等。还需要一套策略针对长期的维护工作，例如清除池塘淤泥、重新粉刷栏杆或疏伐植树区等。考虑到设计方案的潜在寿命，维护要考虑的时间尺度是几十年甚至几百年。并非所有的客户都会为这么长的时间维护做打算，只有慈善机构，或者拥有一处土地的世代家族，这些私人土地所有者可能会考虑更长时间范围内的维护。历史景观就需要在前者的时间尺度上再延长管理时间，以保留其景观特征，例如，之所以要考虑一些重要树木的接替种植，是因为即便是苗圃中最大的树与成熟的公园树木相比也是一棵小树。

图6.3　因维护不善而受损的树木——种植20年后仍未拆除树木防护措施，2019年，英国

维护——为什么需要维护？

良好的维护可以减缓植物枯萎，但植物毕竟是有生命的材料，容易受到病虫害的影响，而且不是所有的病虫害都是可以防治的。降低病虫害影响的方法将在本章后面进行讨论，管理景观方案也算是对项目整个生命周期的一种承诺。即使如新生境地那种最接近自然环境的场地，也需要管理，特别是有非本地入侵物种存在的情况下。

所谓顶极群落是指生态条件最适应的、最稳定的植物群落，一个场地越接近这种生境类型，需要投入的维护就越少[3]。例如一个原本会生长成落叶林地的地方，要将其作为裸露的土地保留下来，一定会消耗大量资源——想想商业化耕作和保持土壤无杂草所要投入的工作，或者管理一年生植物床所需的时间。可以通过调整场地的方式减少投入力度，如第4章中默顿边界的案例，将更适合草原种植条件的种子播种到营养含量低的沙土中，植物群落正好与场地生境相适应。这种模仿植物群落生态平衡的种植方式仅需要投入少量的维护工作，但是植物毕竟无法自我维系，我们还是需要对它们进行一些照顾的。

许多场地维护的主要作用就在于，防止该场地在先锋物种首次出现后演变成一个顶极群落。先锋物种通常是能忍受极端环境但寿命较短的小型物种，它们会为下一级生境演替提供土壤、改善环境。其实就是我们维护计划中所说的杂草，然而它们的出现却正向地表明了该场地的生态平衡已经达到了允许缓慢演变的程度。

景观大道（THE LONG WALK），温莎

接替种植和景观建筑缓慢变化的一个优秀案例是景观大道（The Long Walk）。通往温莎城堡的宽阔大道，最初是在17世纪80年代种植了两排榆树。大多数榆树在枯萎时被砍伐移除了，19世纪50年代起，取而代之的是混合种植的七叶树和伦敦梧桐树，剩余的榆树在20世纪40年代因荷兰榆树病被移除。经过精心的景观管理，这一标志性景观已经保存了300多年。

除非该场地是无人进入的偏远荒野，不需要对物种失衡进行种群管理，例如不用考虑鹿群的大规模增长和病虫害的威胁，如若不然，我们都需要以某种形式进行维护管理。检查树木的健康状况，以免倒下的树木或掉落的树枝伤害到公众，通过围栏等物理措施管理动物种群，唯有场地处于生态完全平衡的区域，才无须我们维护。

管理和维护计划

作为英国规划申请的一部分，景观管理和维护计划的审查文件一般要按固定格式提交，例如通过文字处理器生成的长文档，或者以PDF格式发布的汇总了不同时间段的任务表格。

当管理和维护计划作为规划申请的证明材料时，采用常用的文件格式更为有效，也易于审查。

当然，软件技术的发展使得景观建筑师可以利用数字绘图软件生成植物和材料明细表并行的维护计划，这算不上是一种巨大的进步。BIM的应用实现了在图纸中附加植物或街道设置等要素的相关数据。但景观维护的复杂性意味着很难创建一个标准化的维护术语列表，同一种植物可以选择不同的维护方式，不同组件间的维护更是不尽相同，维护一棵角木树篱与一棵标本树的方法必然不同。这个列表概念尽管复杂，却是可行的，而且是一个值得考虑的发展趋势。

除了在设计方案时主动创建维护计划外，我们还可以计算出维护所需成本，让客户对整个生命周期成本有更全面的了解，进而帮助客户相信长期维护节省下来的成本可以抵消前期投入的高成本，例如可以选用更高质量的铺装材料或草坪修剪条。

评估

项目进入维护阶段，首先可以审查植物类型、硬质景观材料等，验证我们所做过的种种选择。每参与一个项目，我们都应该从中有所收获，还可以把学到的东西应用到下一个项目中去。

无论是我们正式召开一次汇报会，以团队的形式讨论项目，进行深入研究也好，还是仅仅花几分钟来反思待办事项清单上的紧急事项也罢，评估都是非常重要的一步。

如果不进行评估，就不知道我们是否实现了项目的最初目标，这些目标可能会迷失在施工现场的日常工作中。景观建筑师应习惯于在项目的初期阶段，就着眼于视觉影响、景观特征或生境影响进行评估，这样有助于做好设计决策，但评估并不总是贯穿于项目的整个生命周期。评估的目的是证明和改进——证明项目实现了最初的目标，证明了客户的花销是合理的，改进今后的工作。

寻求一种不断改进的方法，对新想法保持一种开放的态度，可以为我们节省更多工作时间，改善我们与客户和同事的合作方式。如果你自认为现在的方法就是唯一的那个，所以从不花时间去反思，这就说明你正保留着一种已经过时的工作方式。接受最新的理念并不意味着要丢弃那些成功的经验技术，而是试着用批判性的眼光审视工作流程，至少这样有助于减少日常任务，还可以为我们工作中更有趣的方面腾出更多时间。

项目评估可以指出需要改进的地方，例如利用技术共享文档，也可以分享成功经验，如现场开放日、与利益相关者的协商过程等等。评估商业项目的一个简单要点是项目营利与否，如果没有，那是哪些因素造成了亏损。

仅凭我的个人经验，电话、会议和电子邮件交流这类额外的日常管理工作，通常会致使项目超出预计时长，最终导致项目延期竣工。每个任务本身都不大，无须为它们追加费用成本，但是如果一个方案就比原计划推迟几个月，那么整个项目的时间成本就会大幅增加。解决此类问题的方法之一是在报价中包含预计的超时和超支费用，但是当超支额度很小，或因意外产生时，这种方法难以适用。仔细记录工作时间以及所承担的任务类型，以此来审查没有营利的部分，分析时间的使用情况，进而提高未来费用报价的准确性。

自我评估也很重要。项目中的弱点往往不是技能缺失，而是沟通不畅，有问题也不愿意提出，或者自认为某些细节是景观建筑师或其他团队成员无须了解的。建立一套沟通系统，情况可能会有所改善，但更重要的是培养团队成员间相互信任、相互理解、平等互助的精神。由于项目团队中某些成员的影响力过强，可能在内部形成了一个连客户都不曾设想过的等级结构。评估我们在团队中的角色地位，我们的建议是否受到重视，在决策中我们是否有平等的发言权，这些将有利于我们判断是否希望再次与该客户或项目团队成员合作。

反馈——询问客户

现在，在线反馈广泛应用于许多行业。预订假期行程、网上购物、安排汽车修理，甚至去看医生之后，都会要求你对所接受的服务进行评价。猫途鹰（TripAdvisor）和TrustPilot等评价网站的兴起，以及亚马逊等销售网站上的客户评论，改变了我们的购物方式——亚马逊，一个自1995年以来允许消费者为已购商品留下评论的网站，甚至消费者想通过其他渠道购买产品，亚马逊上的评论也是他们最重要的参考之一[4]。虚假评论可能会恶意诋毁那些开放的、未经验证的评论网站，但许多消费者仍将它们看作是一个有用的购物起点。

那些希望与建筑专业人士合作的客户，缺少类似查看评论的过程。在脸书（Facebook）上可以看到一些关于建筑事务所的评论，在企业匿名评论网站Glassdoor上也出现了一些员工对景观建筑事务所的评价，但来自第三方的评论不多。也许这并不是一件坏事，因为公开反馈很容易被操纵，真实的评估是对虚假恶意评论的最好回击。认证商人的评论网站是存在的，但并没有覆盖到建筑行业。在英国景观学会有一个已注册的事务所列表，可以选择查看有资历的景观建筑师会员，但不涉及对事务所的评级。

由此来观察实践工作是否会随评论发生变化将是一件趣事，也许与第2章提到的零工经济相类似，评论开始对我们的工作方式产生一定的影响。

freelancer.com网站有一个评级系统，其中有一部分反馈是针对项目价值的，对不同方面的表现都有相应的评价和星级评定。

我们承担的工作比单一交易复杂得多，但如何获得反馈还是值得考虑的一件事。我们如何知道客户对项目的看法？我们有没有直截了当地问过客户，还是我们觉得客户没有抱怨就可以了？我们有没有问过客户什么方法有效，什么方法无效？

小型机构向客户寻求反馈可能会略显尴尬，因为他们之间的关系通常更为亲密，会担心出现翻旧账的情况。就算过程再艰难，我们还是要找到一种寻求反馈的方式。看不到问题不代表问题不存在。为了减少顾虑我们可以利用在线调查等技术方式，或者雇用第三方替我们询问。再不济就干脆自己问。

一些跨专业项目会定期向客户进行问询，反馈采用评分制，如果评分低于目标水平会立即采取相应行动，使项目边推进边完善。小型企业很难做到这一点，但是想方法收集客户开诚布公的反馈有助于改善客户关系和日后的工作。

若干年后重新审视你的设计可能也会有所启发——看看林地是如何生长的，如果有的话，哪些物种占据了统治地位，人们在已建成场地内的活动情况，以及根据他们的某些行为是否需要对设计进行修改，例如草地上已经被人们踩出了“期望路线”，或者植被没有像预期的那样老去。

客户和同事的评价是推广我们工作的好方法，因为别人的评价比我们自己的评价更有价值，我们称这种心理现象为“社会证明”[5]。尽管读评论的人不认识评论者，但也算为他们提供了一种证实。再强调一次，寻求反馈是很有价值的，也要树立勇于询问评价的信心。

持续专业发展

坚持不懈地改进和学习是许多景观建筑师行为准则的核心。英国景观学会的所有企业会员必须每年至少完成25小时的英国职业继续教育学分登记系统（CPD），要求会员“具备专业技能和知识”[6]。有一个标准表格用来设定目标，并记录所完成的CPD。

英国景观学会2018年的一份报告列出了景观建筑师自认为需要掌握的技能。根据对800多名景观专业人士的调查，

改善(KAIZEN)策略

Kaizen在日语中是“改善”的意思[7]。在商业中，指的是持续不断的改善过程，鼓励各级员工提出任何程度的改善建议，即使是最小的建议，将它们结合起来也可以带来巨大收益。

将这个理念延伸到客户反馈上——日本零售公司无印良品在其英国网站上设有“改善”板块，要求顾客提供建议，反映问题，提出需要补充的内容。

坚持不断改善的精神能让客户清楚地知道，你愿意接受建议，也在不断改善自己的工作方法。

报告列出了10个专业领域[8]。到目前为止，累计数量最多的技能是撰写计划、报告和评估，有82%的受访者认为这应是必备技能。

持续专业发展是我们这个职业群体追求的最低标准。在我们的职业生涯中，应致力于不断提高自身技能并挑战自我。我们应该明白那些失败的项目是最有价值的经验教训。人类的天性会驱使我们不愿改变，有时可以称之为“现状偏好”，认为改变是一种损失而不是收获。按照我们已知的方法去做也许是明智的选择，但它会扼杀进步、创造和革新。

客户

场地最终投入使用的那一刻才是客户一直以来的关注点。对我们来说，前几个阶段是我们的主要工作，但在许多客户看来，那些工作只是为了实现现阶段的一种手段而已。前面提到的许多与景观建筑师相关的话题也同样适用于客户，例如需要吸取经验教训，保留场地所有权的客户现在也要负责实施维护计划等。

景观专业人士所需的顶级专业技能

面对挑战

引起公共部门和私营企业的注意仍然是一个难点，尤其是对预算较少的小公司而言，即便留住了公共部门，后续工作也是一种挑战。无论是私营企业还是公共部门，最关心的就是资金问题；私营企业中，67%的受访者提到了收费水平和营利能力。公共部门（62%）主要表现出对获得资金的担忧。私营企业认为，与预算密切相关的事项包括：优先事项的不确定性，缺乏潜在客户的认可（48%），以及没有在项目的适当阶段参与工作（45%）。

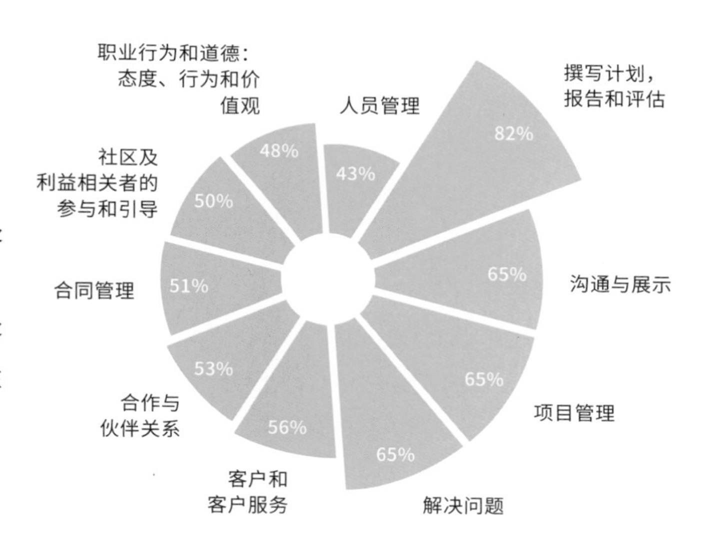

图6.4 《景观建筑未来状况报告》的调查结果，2018年，英国景观学会

了解维护需求

如前所述，客户需要支持并承担一个景观项目所需的适当维护和管理。我们需要让客户明白，管理景观项目是一个持续的过程，绝不仅仅是许下承诺，获得法定机构同意就草草了事，而是切实需要在场地建设过程中进行持续监督的。景观规划的潜在变化因素颇多，不利的天气条件、难以识别的贫瘠土壤区域，但后续工作难以避免，如更换枯萎植物等。

景观项目的预期寿命不利于琐碎工作的管理，因为员工会离职，或者早期的项目工作会被遗忘。我们提倡建立便于维护管理的长效机制，例如，相较于仅凭员工的个人兴趣爱好留住那些可能会离职的员工，不如为他们增加角色任务，要想找到一种在长时间内有效监督维护工作的方法，这是一个亟待解决的问题。

我们都见到过这样的情况：树上的轧带一直没有被清理，使得树皮损坏，或者未被及时拆除的树木遮蔽物抑制树木生长。这些都是相对短期的维护任务，却依然被忽视。那么从长远来看，维护的确是一个棘手的问题，要建立一个怎样的体制能在20年后指示他人砍伐一片林地？一个精良的管理和维护计划只是一个开始，首先要得到客户的理解并且客户愿意为之付费，关键还是在于人们意识到它存在时，它才会真正发挥作用。

评估

一些客户既要对项目进行评估，又要向外界资助者进行报告。尤其是公共部门项目，需要提交一些证据来证明支出的合理性，那么此前的那些方案就可以作为证据用于证明计划项目的价值。

至少，客户应该想要评估一下简报中的目标是否达到了，是否实现了更广泛的业务目标。写一份简报可以给予客户足够的信心，因为在不知道外部因素会产生何等影响时，我们的客户会推测一个项目将如何运行。简报一向是项目的基础，如果最终结果明显偏离了最初的设想，那么其中的变化就非常值得我们探究。

英国的许多公共部门项目都要求在项目完成时进行一次全面评估。英国财政部制定了两份文件，为中央政府的监测和评估提供了指导意见。《绿皮书:中央政府预估与评估指南（2018）》[9]涵盖了政策和合同鉴定以及评估等广泛问题，《红绒书：评估指南（2011）》[10]主要侧重于政策评估，也包含了大多数评估过程常见步骤指导。

绿皮书中关于“评价”的参考定义：

- 干预措施是否有效
- 成本和效益是否符合预期
- 是否产生其他后果
- 是否预料到这些后果
- 执行情况如何

有些客户希望考虑多方面因素，如环境、社会或经济的长期和短期影响。如前面提到过的，“生命建筑挑战”项目，想要获得全面认证，项目必须运行一年，然后证明项目已达到预期目标。

吸取的经验教训，向那些成功推动客户工作改进、从中受益的人请教有效的方法机制，防止错误一犯再犯，还可以总结分享好的实践经验。前提是所有的发现都必须是有用的，否则这一过程将毫无意义。

项目

我们前面提到过，如今项目都是公开可见的。即使是只有客户及其合作伙伴才能进入的私人场地，也可能登上出版物或参加竞赛——我们的所有工作都可以被外界看到和评判。项目不再只是一个实体计划，它们已经变成了我们工作的一个标签。

如果项目是一个备受瞩目的场地，比如一个旅游景点，它会以其他方式证明自己的存在，该景点的图片会被分享到社交媒体上，出现在媒体报道里。相比之下那些低调的项目，如生境地的创建或基础设施项目，只有维护团队持续关注着。应当铭记的是，默默无闻的工作也会产生深远影响——高速公路旁的绿化种植，每年都会被数百万路人看到，它们不仅为野生动物提供了大面积的生境地，还有效地减少了交通噪声和污染，然而这类项目是不会成为媒

英国国家彩票遗产基金项目评估

虽然在建筑行业将评估纳入机构认可的工作进展缓慢，但许多慈善资助机构早就将其作为捐赠过程的要求之一。英国国家彩票遗产基金（UK National Lottery Heritage Fund）认为评估是许多景观项目的核心内容，该基金就以景观合作伙伴名义资助了很多项目。

在价值数百万英镑的景观方案中，评估费用是申请资助的重要组成部分，未提交完整的评估报告之前，资助机构是不会支付最终款项的。受资助方必须从项目启动阶段就开始收集基线数据、撰写评估报告，将评估纳入整体工作中。可供参考的指导文件要求受资助方考虑他们的项目是否“达到了预期目标，及其有效性、高效性和可持续性”。

图6.5　国家彩票遗产基金参与合作的英国新森林国家公园景观计划，2017年，新森林国家公园

体报道的对象或参赛获奖的。景观建筑师的推广难点之一是，他们那些最好的作品总是无人问津。一个构思巧妙的食品防护设计，一片新的林地或一条修复的河道都属于我们工作的一部分，却从未受到大众关注。

未来用途变化

为一个场地进行设计规划时，很难想象未来该场地将会被如何使用，近来滑板、户外瑜伽或跑酷等潮流运动层出不穷，这些都会使场地的使用情况发生改变。

景观建筑师要注意到一种变化趋势是汽车技术发展和使用。电动汽车的普及要求在设计停车场时，应该考虑充电桩需求量的增加。在更长远的未来，自动驾驶汽车的普及可能会改变我们城镇的面貌。如果汽车可以自行停放，就无须打开车门，这样就可以缩减停车面积，采取多排停车布局，车辆彼此停靠在一起。

多伦多大学研究人员2018年的一项研究表明，自动驾驶汽车使停车位的平均需求量减少62%[11]。车辆使用模式也将随之变化，其模式更接近于公共租赁自行车，无须所有权即可预订和使用车辆，然后根据使用情况付费[12]。

低碳场地维护

对于大多数景观方案来说，场地的碳排放主要产生于维护期间。材料经过长途跋涉运送到现场，建造期间使用高能材料，现场机械的使用，甚至员工通勤都会产生碳排放影

图6.6 基德灵顿（Kidlington）洪水应急处置方案——将隐秘的防洪设施连接到减速带和科茨沃尔德（Cotswold）石墙的底部，最大限度地减低影响，2009年，牛津郡，基德灵顿小镇米尔恩德，来自环境署项目团队的瑟尔沃尔特许景观建筑咨询公司设计

图6.7 路边植被不太可能获得媒体关注，但可以巩固道路规划方案，2019年，牛津郡，迪考特市

响，但年复一年的维护将掩盖掉这些影响。

我们有必要探讨景观维护计划对环境造成的影响，努力打造的环境友好型项目却在维护过程中造成污染，未免有些适得其反。定期使用化石燃料驱动的割草机、化肥、除草剂、灌溉、创造低生境价值的单一栽培等等，这些传统园艺维护方法显然与可持续理念背道而驰。

根据草坪情况选择正确的混合草籽可以大大减少包括修剪在内的维护需求。鉴于草地在景观工作和城市地区的普遍存在性，为草坪这类简单的元素寻求可持续性的维护方法，可能会产生更为广泛的影响。

《魔鬼经济学》是一档优秀的播客节目，在聊到“我们对草坪的痴迷有多愚蠢？”的话题时，景观建筑师阿伦·特纳指出，“草很便宜。草是你能铺设的最便宜的地被植物。问题是，它是维护成本最高的地被植物”。[13]

其他需要考虑的问题包括：

- 使用低能耗或太阳能照明
- 利用雨水灌溉
- 选择正常情况下不需要灌溉的品种
- 在电锯、割草机或零排放设备（ZEE）中使用生物燃料
- 使用生物控制杂草，如手动除草或火焰喷射器，摒弃除草剂
- 选择一些结实的、容易修复的景观材料，或者轻微损坏时只需要更换小部分的景观材料
- 研究如何使这些景观材料成为一种提示，在各个工作阶段反复提醒人们材料的处理问题。“生命建筑挑战”倾向于使用如风化石这种在方案生命周期中会增值的材料，而不是传统意义上的，使用价值在持续降低的材料

疾病

正如本章前面提到的，疾病预防并不轻松。若发现疾病，尽量采取一些有效措施来降低遭受病虫害的风险，减轻对植被的影响。

评价

我们无法预测我们的项目将来用作何用，需要做何改变——可能是法律上的改变，某些材料不再是安全的，也可能是文化上的改变，需要在开放空间增添Wi-Fi基础设施。及时捕捉不断变化的需求才能更好地确定我们场地的用途，才能确定这些变化与最初设计是否发生冲突。

可用于评价场地的方式包括：

- 评论卡：在现场提供一些简单的卡片，收集一般性反馈
- 投诉：投诉程度或投诉量的变化可作为用户满意度的指标
- 神秘顾客：安排一个调查人员前往场地给予客观反馈
- 观察：正如在设计前观察场地一样，观察正在使用中的场地也将深受启发
- 在线问卷：比如谷歌表单（Google Forms）和微软

桑莫尔法则

该法则以美国国家植物园遗传学研究专家弗兰克·桑莫尔博士的名字命名。他在论文《城市种植树木：多样性、一致性和常识》中首次提出了这一概念。桑莫尔法则指出："城市林业工作者和市政树木学家应在其管辖范围内参考以下规则保持树木多样性：

（1）一个区域的植物群落包括不超过10%的任何一个种

（2）不超过20%的任何一个属

（3）不超过30%的任何一个科

（物种、栽培品种或经证实适应性强的无性系品种）应在城市各处以带状或块状均匀分布，实现空间和生物多样性。"[14]

荷兰榆树病和栗疫病在美国造成大范围的树木损坏后，桑莫尔认识到"我们的城市景观需要增加树木多样性，防止本地和入侵的病虫害对树木造成大规模破坏"。这一概念可能在小范围区域难以实现，但在住宅或公园等大范围区域有望实现。

为丹麦哥本哈根市工作的景观团队现在就遵循该法则——规划新的街边树木时，首先评估了该树木在邻近地区的占比，保证没有一种树木超过10%[15]。他们还在每条街道上使用了不同的树种，抛弃了两排相同树木的传统形式。在某种程度上，该形式只是在模仿生物多样性，模仿自然界在环境快速变化过程中的生存方式。

图6.8　树木的混合种植使该地区植物能更好地抵御疾病，2018年，伯克郡巴塞尔顿公园

桑莫尔反对单一种植，还指出"正是智人，作为地球上占主导地位的智慧型单一物种，制造出比荷兰榆树病更严重的灾难"[16]。

表6.2　树木品种

科——30%	属——20%	种——10%	常用名
壳斗科	栎属	夏栎	英国橡木、钟形橡木
壳斗科	水青冈属	水青冈	欧洲山毛榉、常见山毛榉
蔷薇科	山楂属	单子山楂	常见山楂
蔷薇科	花楸属	白面子树物种	瑞典花楸
松科	雪松属	黎巴嫩雪松	黎巴嫩雪松
松科	落叶松属	落叶松	欧洲落叶松

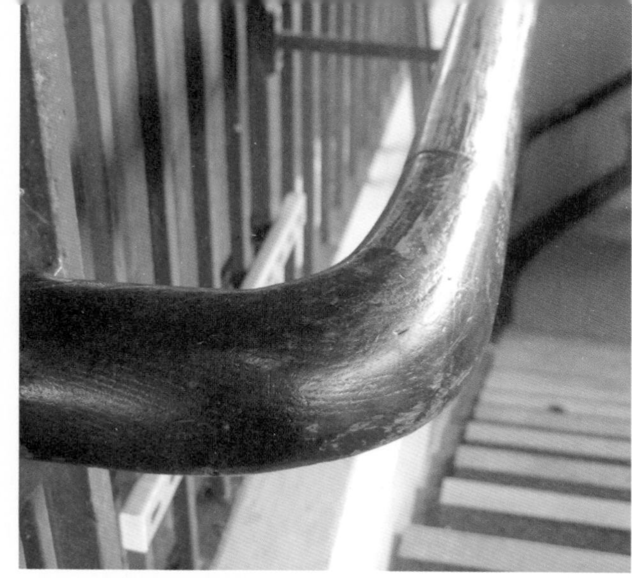

图6.9　磨损程度也是一种受欢迎的标志——经过多年频繁使用而抛光的扶手，2018年，布里斯托尔，布里斯托尔寺院草原站

图6.10　因人们在此玩耍而磨损挖空的树干，2014年，白金汉郡，斯托花园

表单（Microsoft Forms）等表单生成器、Survey Monkey线上调查问卷工具

- 纸质问卷：不要忽略这种简单原始的方式。参与完调查后，增设抽奖可以提高回复率
- 照片：利用定点摄像来记录景观的发展变化，或者为重大事件拍照记录
- 预览和媒体报道：密切关注和查阅博客、论坛、评论网站、社交媒体和谷歌上的评价信息。现在有一些实时数据工具可以跟踪社交媒体活动
- 在现场用模型测试新想法：测试临时围栏、座椅或花坛的变动，借以观察其影响并征求反馈意见
- 用户群体：请当地利益相关团体，如幼儿父母或有健康问题的代表团体，对现场进行评估
- 访客追踪：可以使用人员计数器、闭路电视、现场观察、无线追踪网络或手机分析等方式，也可以使用谷歌母公司Alphabet旗下Sidewalk Labs城市创新组织开发的CommonSpace合作应用程序（目前为测试版，在撰写本文时仅能在美国和加拿大使用，但可能会成为景观建筑师的有力工具）
- 民众之声（vox pops）：现场录制简短访谈
- 磨损程度：借助人们自发踩踏出的期望路径进行设计也算是一种捷径，也许可以成为原计划中没有的新特色，有时其他磨损迹象还可以彰显受欢迎的程度

监测景观——防洪网络

网络架构师本·沃德（Ben Ward）位于牛津的家在若有似无的预警提醒中被洪水淹没了，此后他决定研究更好的方法来接收水位上升的预警信号。尽管牛津的河流水位传感器已多于其他城市，仍未能提供足够的实时预警信息，未能让他为抵御洪水做好准备。本利用无线技术和物联网方面的技能，开发了一个低成本、由电池供电的洪水传感器，它足够小，可以放置在桥下或固定在栅栏等隐蔽位置。这种设备与英国环境署——负责洪水预警和预防的政府机构所使用的遥测设备相比，尺寸和成本都要小得多。该设备通过无线设备连接到一个网关，再通过互联网发送数据[17]。然后，将防洪网络传感器的数据与环境署的数据结合到一张网络地图上，就能显示出所有被测地点的水位。

个人可以利用这些信息在洪水期间做出更好的判断，包括接收洪水预警，同时也为那些水务管理工作者提供了有用的基础数据。传感器每15分钟读取一次数据，利用名为LoRaWAN的远程低功耗无线技术，监视器在不使用移动网络的情况下能连接到数千米以外的传感器。该系统可以通过任何网关路由连接到物联网，它是一个任何人都可以构建的开放免费性的全球物联网传感器网络。随着传感器尺寸的缩小、成本的降低，适用范围包括：

- 评估种植床的土壤湿度水平，触发灌溉、发出浇水需求或上报内涝
- 使用红外成像监测植物健康，这将在本章后面进行详细介绍
- 检测移动：如果一个不应该移动的对象，比如照明柱或桥体发生位移，就会发出警报
- 使用光线和天气传感器的智能照明系统，自行调节的街道照明。

其他类型传感器应用于降雨量、湿度、水流、水质和空气质量等各个方面。防洪网络极作为一个极佳范例向景观建筑师展示了技术可以如何帮助我们完成监控工作，既可以在设计之前提供准确的基础数据，又可以在设计投入使用时进行绩效评估。同时证明了创建共享和开放数据网络的价值，提醒我们物联网将如何改变我们的工作方式。

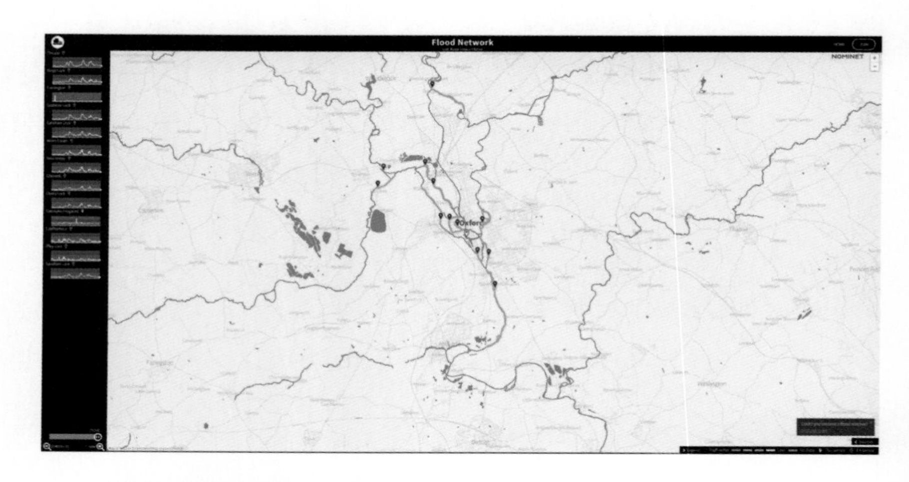

图6.11　防洪网络在线地图，2019年

项目团队

“为了避免受到批评，最好别做事、别说话、别成器。”

阿尔伯特·哈伯德（Elbert Hubbard），美国作家和哲学家[18]

项目接近尾声时，项目团队评估个人和团队整体表现也能从中受益。简报完成了吗？团队间合作得好吗，还是性格冲突阻碍了项目的进展？如果重新做一次，我们的项目会有什么不同吗？依据我们现在所掌握的一切信息，我们还会接受委任吗？

维护

景观方案必须制定适当的机制加以维护和管理。维护是对场地的日常照料，尽可能地保持设计的原始风貌，而管理是一种长期规划，适当地改变和调整维护机制使场地能够达成预设目标。管理更像是一种个人责任，在日常积累的基础上判断维护的正确性。对于某些场地，一个团队，如参与方小组或董事会，更多的是负责具有战略性的管理决策。管理计划应该包含进行决策的方式、参与决策人员、维护计划的更新以及应对管理变化的方法。

如果我们参与的是公共部门等组织的内部工作，可能在项目移交后的很长一段时间内，仍需参与管理和维护过程。如果我们只工作到施工后半段，只需负责一个短暂的维护期即可，可能离项目落成还有很长一段时间，我们的团队就已经撤出项目团队了。

即使项目团队不再直接受命维护场地，但以案例研究或出版物的形式公开表示与场地之间的关联，建筑师通常可以保留场地管理和维护中的既得利益。

我们也拥有该场地的合法权益，根据英格兰和威尔士法律，专业人员在“过失行为”发生后15年内也须对其过失承担相应责任。[19]

评估

从一个团队的角度来对项目进行评估也是十分有益的，因为每个专业的学科重点不同，看待问题的角度自然也有所不同——也许结构性问题得到解决的同时，对便利设施或野生境地的价值却造成了损害，也许材料的选择是成本和外观之间的最佳折中。

如前所述，从一开始就围绕项目目标在每个阶段都为客户制定一个正式的评估流程。公共部门或慈善机构资助的项目除了遵守预算和时间表之外，还需要持续关注志愿者的工作动态、创建和恢复的野生境地面积，以及其他因素。

分享所吸取的经验教训，并在反思后采取行动，这绝不仅是工作中一次小小的改进。

2017年6月伦敦格伦费尔大厦(Grenfell Tower)的致命火灾，以及随后调查出的火灾原因，揭示了我们行业对经验教训视而不见的恶习。2018年BBC与开放大学合作制作了一档电视节目《伦敦公寓楼大火预警》，记录了5起火灾的故事，这些火灾为塔楼火灾风险留下了深刻的教训，并且有效地提醒所有建筑行业工作者，我们的任何决策都是存在风险的。

总结经验教训

总结与分享经验教训，是为了以后可以更好地开展项目。英国的许多大型基础设施项目都会将获得的经验教训分享出来，项目网站上增设“知识馈赠”部分可以分享那些优秀的实践经验和创新思想。英国国家档案馆网站上可以搜索到非常详细的相关信息和访问入口，如伦敦2012年奥林匹克公园的知识馈赠网页，打开后是两页PDF格式的小型报告，涉及的主要内容是关于铺路、座椅、修复奥林匹克公园水道使用的可持续性材料[20]。

这些用来分享经验教训的文件都应该做到学以致用，否则就变成了毫无意义的过场。将分享的经验教训全部公之于众不太合适，但至少要有一个组织层面的学习过程让大家对这些知识有一定的了解，这样才能坚持创新，不会重蹈覆辙。比如搭建一个开放的、易于编辑的内部维基网站，创建项目搜索词条。维基网站是一个就某个主题进行分享和协作的好方法。

为后人记录

研究一本书会让你意识到管理良好的数据具有何等价值。我真心感激那些煞费苦心地将项目和研究工作归档并将其发布到网上的人。要相信说不定日后的研究人员就会对那些默默无闻或利益微小的项目产生兴趣。

我们并不奢望在未来的某一天我们的作品又被拿出来供大家瞻仰，但如果它作为相关信息总是能出现在各类文献中，这就表示作为材料资源它是正确的，我们的作品成为值得被大家引用的参考文献，应用到了未来的研究中。我发现一些学术研究人员和政府机构的报告没有列出日期或作者。应该列出的数据应包括：

- 标题
- 创建者
- 创建日期
- 出版地点
- 出版商/制作者/发行商
- 联络信息
- 版权和许可，如“知识共享许可协议”

以上信息可以作为元数据添加到PDF或微软Word等数字文件中，而不仅仅是以档案的形式存放。这通常属于质量保证程序的一部分，对归档文件的分类非常有用。

任何试图打开旧图纸档案的人都会觉得这是一项艰巨任务。数字保存联盟编写了一本数字保存手册，用于解决

评价——斯德哥尔摩国际环境研究院

好评价源于好问题。斯德哥尔摩国际环境研究院的研究员安娜马里克·德·布鲁因（Annemarieke de Bruin）在其研究中，使用了一套看似简单的标准诠释了人与环境关系[21]。斯德哥尔摩国际环境研究院是一个国际性的独立机构，主要致力于环境与发展政策问题研究，安娜马里克在欧洲、澳大利亚和加拿大开展水资源管理与治理、树木健康管理与农业创新等研究工作。与此同时，还监督了监测与发展系统的研发工作。

计划项目评估人员要先确定他们“期望看到”的变化，进而“想要看到”更宏大的变化，甚至“很想看到”变革性的变化。我们还鼓励员工审视态度和传递知识，要认识到过程本身的成功就等同于项目整体上的成功。

我们应该询问评估人员对项目的见解——项目算成功了吗？对第二阶段有什么想法吗？有显著变化吗？（后续问题）为什么很重要？对此的回应可以是积极的，也可以是消极的。

鼓励工作人员多关注原计划之外的更丰厚的成果。

- 持续接触的程度，例如，一年后，相关人员是否还与其他参与者交谈，或者他们是否使用了从其他项目中获得的知识？
- 是否获得了其他益处，如开始对新领域、新的资金来源、志愿者等等感兴趣？
- 建立了哪些新的关系？

成果作为内部报告发布并分享到创建的项目网站上，还可以作为提交给资助者和董事会的报告材料。

数字保存问题和管理过程的工具问题[22]。美国国会图书馆为建筑图纸等非摄影数字图像的文件格式提供了指导意见。[23]

花些时间为归档工作创建一个具有复原力的流程，既能防止档案丢失，还能在项目需要复原时进行快速检索。

广泛群体

对于我们的许多项目来说，公众是主要受益人之一，他们要么直接进入场地，要么间接地成了广阔景观的一部分。从改变当地景观特征到减缓气候变化，我们工作所带来的潜在影响可谓比比皆是，公众参与到我们所创项目的养护和评估中来，这是十分正确的选择。

英国景观学会的档案馆

自1929年成立以来，英国景观学会的档案馆收集了众多与这一职业有关的书籍和档案。[24]在20世纪90年代，收集的藏品足以构建一个博物馆的藏品体系，其中包括布伦达·科尔文、西尔维亚·克罗和杰弗里·杰利科的藏品。

经过多次搬迁，藏品现保存于雷丁大学的英国乡村生活博物馆。其中的藏品包括书籍、学会档案，成立于1967年的图书馆主要收集期刊、剪报、会议记录，目的是保留相关的照片和财务信息，并于2019开始了一项寻找现存口述历史领域先驱者的项目，这些先驱不仅与景观建筑有关，而且创造过许多历史上的里程碑。部分藏品可在网上搜索到，还可以看到许多人对我们职业引人入胜的感悟和认识。

图6.12　布伦达·科尔文的名片——谨记看似平凡的物品也会引起后人的兴趣，英国景观学会的档案馆的布伦达·科尔文藏品

维护

一个维护不善的场地，甚至无须进入内部区域活动，也会影响到当地的社区生活。杂草丛生起码就给那些邻近地点的管理人员增添了工作负担。最糟糕的情况就是存在安全隐患，断裂的结构或管理不善的树木都会对路人的生命安全造成威胁。

场地维护程度未能达到当地社区的期望值，会有损场地所有者的声誉。场地的位置和知名度决定了期望值的高低，一个繁忙的市中心项目会比一个乡村工业区更加备受关注。

公园之友

一些独立的用户团体，有时被称为“好友团”，自愿协助地方当局合作完成一些公园和开放空间的管理工作，帮助运营相关论坛，向广泛群体推广场地。他们还可以帮助处理场地维护、安排清理日、上报非法倾倒垃圾等问题。一些团体甚至是基于对场地的热情与人际关系网，在挽救场地的过程中建立起来的。

让志愿团体与管理场地的在职员工或承包商合作存在一定难度，即便在职员工选择支持志愿团队的工作，也不一定

图6.13　对于繁忙市区路面的临时修护, 2019年, 卡迪夫

场地清洁日

由于预算有限，学校很难维护他们的校园。位于英格兰南部的汉普郡议会景观小组提出了学校举办场地清洁日的解决方案。

每学期一次，选择周六举行，学生、教师、家长、祖父母、护园人和学校管理者都受邀到校帮助班主任完成拟定的维护任务清单，他们的支持对清洁日的成功实施至关重要。任务可以包括简单的手工任务，如清理、修剪树叶或翻拌堆肥，有时则需要启用机械来完成更艰巨的任务。全天都有一个火炉为大家提供食物和饮料。举办这类经济又简易的活动既具社会性又具实用性，有助于培养学生的主人翁意识。

会降低维护成本。不得不说，合作必然会鼓励社区直接参与场地的维护工作，进而可以共同抵抗一些外界的干扰因素。

评估

我们许多项目的性质，注定了它们会受到那些与设计无关的人士的评判，这些人并不了解建筑师们依据自身经验为实现最终设计做出了多少决断。当公共空间没能满足所有人的需求时，大家就对设计感到失望，实际上，那些得到社区有限支持的项目成果可能已远超预期效果。

很难知道我们的项目在投入使用期间都会受到何等评价，正如第1章所讨论的那样，公众的态度可能会突然发生变化。对维护场地成本或流程的看法，对公共开放空间安全性的看法，都可能改变。回想一下20世纪70年代英国的游乐区，高高的滑梯，没有使用安全的表面材料，有的却是危险的拐弯处，相比之下，最近游乐场的设计更符合天性，注重娱乐设施的设计原则。

社区利益公司的蝌蚪花园村(CIC TADPOLE GARDEN VILLAGE)

新建的蝌蚪花园村位于北斯温顿，英国领先房地产公司（Crest Nicholson）在开发这个英格兰西南部快速崛起的城镇时，竭尽全力地保留和维护现有树木和树篱。根据以往的经验，该公司明白高质量的投入会使该景观更受欢迎，从而获得更大的利润，该花园村拥有1800套住房，保留内部维护助力人们理想居住地的开发。

与当地景观建筑事务所大卫·贾维斯景观建筑事务所合作，为了使整个场地的景观风格保持一致，他们制定了相关设计规范，从一开始就依据树木保护令（TPO）对重要树木采取相应保护。保留现有的成熟树木和树篱，给新址增添了一种从古至今的持久存在感，与许多开发项目的不同之处在于，景观规划不是在房屋出售后才着手启动的，花园村的景观规划是整个项目的第一笔支出。

由社区利益公司（CIC）成立的管理公司负责所有公共区域，如游乐场所和运动场。作为社会企业的重要形式之一，CIC将从体育场馆等获得收入，连同收取居民服务费的所有盈余，全部用于社区再建设。居民也参与了CIC的运作，他们为特定主题创建了新的专家小组。

遵守长期维护的承诺对领先房地产公司来说意义非凡，因为他们知道已建成的项目质量影响着潜在买家和员工的关注，也影响着他们在行业内的广泛声誉。地方政府和其他有意探索CIC模式的组织都对花园村产生极大兴趣，它也成了房地产行业销售率最高的项目之一。

领先房地产公司战略项目总理事安德鲁·多布森（Andrew Dobson）承认，CIC模式并非适用于所有场地，CIC要具备巨额的初始投资，这种财务支出是一些资金相对紧张的场地负担不起的，也不大可能如CIC那样实现高达65%的开放空间占比。根据此次和以往的经验，安德鲁更愿意将景观建筑视为一种资产，尽管他不得不为这种无形资产去争取资金支持。投资和维护一个高质量的景观项目是他一直以来的坚定信念，更何况经验告诉他这是值得的。

图6.14 城镇公园的游乐区，2019年，威尔特郡斯温顿，蝌蚪花园村，大卫·贾维斯景观建筑事务所为领先房地产公司设计

图6.15 城镇公园入口，2019年，威尔特郡斯温顿，蝌蚪花园村，大卫·贾维斯景观建筑事务所为领先房地产公司设计

图6.16　孩子们在操场的攀爬架上玩耍，1963年，南约克郡谢菲尔德，公园山社区，谢菲尔德公司的城市建筑师部

图6.17　孩子们正在享受免费开放的户外游乐区，2014年，北安普敦郡尼恩河谷，斯坦威克博士湖

景观工程很少有终点。景观建筑师的工作只是针对地球表面的一小块区域进行设计，满足特定阶段的特定需求。一个方案在创建伊始也许是完美的，但随着时光流逝，我们的景观也许会变得一无是处，因此需要不断更新。景观建筑是一种进化，而不是一种答案——与建筑不同，没有一种景观是“完成”的。从项目竣工的那一刻起，我们就应该参考以往的经验开始为它的未来做新的打算。植物在生长，材料在风化，场地内每时每刻都在发生变化。通过评估和分享经验教训，在应对变化时我们可以更好地发挥其积极作用，更好地完成客户设定的目标。

公共实验室

美国的公共实验室是社区志愿者利用低成本的DIY技术进行深入评估的一个优秀案例[25]。经历了2010年墨西哥湾原油泄漏事件后，公共实验室的3位创始人打造了他们自己的“社区卫星”来监测石油的扩散情况。100多名当地社区志愿者因愤懑于过低的信息发布量，他们自发利用氦气球、风筝和廉价数码相机拍摄了超过10万张泄漏图像。通过3人创建的开源平台进行拼接，然后将图像资料上传到谷歌地球，以便公开查询。

石油泄漏监测的成功促成了公共实验室的建立，这是一个支持环境监测和研究的线上线下同步社区。团队理念仍基于低成本的DIY技术，近期的项目是利用乐高光谱仪测试水样和监测暴雨径流技术的操作指南。

景观建筑师们比较感兴趣的一个项目是获得谷歌和美国宇航局支持的Infragram项目。将近红外摄影技术应用于农业中，评估植物生长和管理土壤，前提是需要在飞机或卫星上安装昂贵的传感器。公共实验室已经提出了一种替代方案，要么对廉价数码相机进行小型改造，要么改用低成本套件。志愿者也可以轻松利用这种DIY技术监控环境。

公共实验室项目使用开源的、以社区为本的研究技术，实现了监测河流恢复项目、入侵水生植物和露天垃圾填埋场，甚至为黎巴嫩难民营提供了地图。

图6.18　有时“使用”就是最好的评价——伦敦湿地中心受欢迎的游乐区，2018年，伦敦巴恩斯，野生鸟类和湿地基金会

6.1 Case Study

CITY OF LYON

SUSTAINABLE LANDSCAPE PROGRAMME

6.1 案例研究

里昂

可持续性景观规划

标题	
里昂——可持续性景观方案	
客户 法国里昂市	位置 法国里昂市
项目周期 2003—2006年	执行周期 2006年至今
方案类型 公共领域——景观管理和维护	
项目价值 未知	景观建筑师 内部团队
业主 里昂市	
项目团队 专业顾问——霍华德·伍德（Howard Wood）	
承包商 内部团队	

图6.1.0 历史悠久的里昂中心景观，2019年，里昂

图6.1.1 城市路边的草甸，2008年，里昂

2013年7月，布里斯托尔大学举办了一个“未来可持续性景观：研究、设计和管理研讨会”，一系列演讲内容引发了人们对许多话题的关注和兴趣，这些话题也是本书编写的基础——土壤、固碳、碳草、直接播种法与城市生态[26]。

特别吸引我的是环境与可持续发展顾问、景观与环境服务有限公司的董事霍华德·伍德的一个演讲，这是一个我觉得应该更被更多人了解的演讲。

21世纪初，霍华德与法国里昂市的公园管理部门合作，为这里395hm²的公园和开放空间开发了一个为期3年的可持续性景观项目，已于2003年开始实施。

图6.1.2 林地边缘的叶霉堆，2003年，里昂

景观维护和管理的预算不断增加，当地政客也要求政府应该采取更为环保的方式，二者促使人们探索更具可持续性的方法[27]。这座城市庞大的公园布局累计需要300多名园丁为其工作，其中包括一个植物园、一个苗圃和一个动物园。这一切都由这座罗马人建立的历史名城进行管理，部分公园还被联合国教科文组织列为世界遗产。

霍华德将完全可持续的景观定义为“不受人类影响，自然循环延续，不需要投入（化肥、杀虫剂），不需要产出（多余的生物量），也不需要维护（割草、修剪、除草）。所有东西都是自然再利用的，而且一般都是在它们掉落的地方”。

方案涉及三方面内容：

- 环境：每项措施都对环境产生有利影响
- 培训：员工需要接纳新的程序和技术
- 财务：做好成本监控工作

图6.1.3　使用手持丁烷火焰控制杂草，2004年，里昂

围绕这三方面内容为该部门出现的日常工作问题寻找切实可行的解决办法，例如：

- 减少绿色废物预算，目前预算是每年要为3000t废物花费25万欧元
- 减少修剪草坪的时间
- 寻找较少劳动密集型花卉展示的方法
- 实现农药、除草剂零使用的政策目标

为期一年多的试验项目在不同的地点运行，然后推广到全市。绿色废物处理方法主要包括联合堆肥（将有机废物与粪便污泥混合）、蚯蚓养殖和将废物覆盖在城市周围的小范围。

图6.1.4　公爵夫人山谷公园（Parc-du-Vallon-de-la Duchère），2014年，里昂，法国欧莅景观+城市规划设计有限公司（Ilex paysage+urbanisme landsape architects）

将叶片铺在不同深度的林地地面上，测量有机物的分解和吸收，同时进行成本分析。结果表明，这一过程每年节省了13.38万欧元的绿色废物管理成本。

里昂的政治家们设定了5年内杀虫剂和除草剂零使用率的目标，因此引入了昆虫信息素和捕食者计划等生物控制方式。试验了3种热除草技术——使用热水的杀菌系统、称为Waipuna™的有机可生物降解热泡沫工艺和丁烷火焰。结果显示，除草剂的使用率在2年内减少了70%，在5年内减少了90%以上。成本比使用化学技术增加了3.2万欧元，但可以与其他方面节省下来的成本相抵消。

此外，还调整了修剪草坪的面积、高度和频率，在一些地方采用了不同的修剪方式，节省了4.57万欧元。

改用维护成本较低的种植方式，至于那些不太受关注的地方，比如路边，可以更宽容的态度允许杂草的存在。用城市草甸取代超过70%的耗时耗力的传统花坛植物，节省了4.85万欧元。

公园每月都会在公园布告栏上公布最新情况，向公众传达变化情况，让他们放心于公园景观仍处于保护中，可以有效减少投诉。社区也会参与进来，通常10%的合同价值用于社区弱势群体的培训和就业。

3年后，可持续性景观方案取得了积极成果：

图6.1.5　沿公园小径边缘的草坪采用不同的修剪方式，2008年，里昂

图6.1.6　路边种植——更简约的方式与更低的维护需求，2008年，里昂

- 增加了环境效益，节省了2万km的城市重型货车运输，当地回收了绿色垃圾，减少了90%的除草剂使用
- 增加当地社区就业
- 公园管理部门减少13.85%的预算，并有可能进一步节省20%～25%。

自该方案完成以来，里昂市始终遵循着这些原则。2008年已经停止使用杀虫剂，灌溉管理得到改善，可持续性采购得以实施，使用获得森林管理委员会（FSC）认证的木材、无污染材料，优先考虑短供应链，目前在努力减少能源使用。自2010年以来，这座城市的温室气体排放量减少了21%，里昂——“一个公平和可持续发展城市”的倡议现在已成为该市的政策核心。

图6.1.7　简化种植方式可以降低维护成本，2008年，里昂

图6.1.8　传统正规但费力的花坛植物，2008年，里昂

The European Region of the International Federation of Landscape Architects Code of Ethics and Professional Standards [1]

PROFESSIONAL ATTITUDES

Standard 1. To promote the highest standard of professional services, and conduct professional duties with honesty and integrity, having regard to the interest of those who may be reasonably expected to use or enjoy the products of their work.
Standard 2. To support continuing professional development.
Standard 3. To uphold the reputation and dignity of the profession, IFLA/IFLA EUROPE and their own professional organisations, respecting the resolutions of the respective General Assemblies, Executive Councils, Boards, Committees and Working Groups, as well as their external communications events and social networks.
Standard 4. To actively and positively promote the standards set out in this Code of Ethics and Professional Conduct.
Standard 5. To be fully acquainted with the Statutes and Regulations of IFLA EUROPE and their own professional association(s), and be willing to co-operate – in any possible way and with the due dedication and independence of judgment – in achieving the aims and objectives of their respective Strategic and associated Action Plan(s).
Standard 6. To observe all laws and regulations related to the professional activities of landscape architecture in their respective countries.
Standard 7. To act at all times with integrity and avoid any action or situations which are inconsistent with their professional obligations.
Standard 8. To be fair and impartial in all dealings with clients' contractors, and at any level of arbitration and project evaluation.
Standard 9. To make full disclosure to the client or employer of any financial or other interest relevant to the service or project. In particular, IFLA EUROPE members who have economic interests in construction companies or suppliers of the proposed works shall be obliged to inform their clients and obtain the corresponding authorisations.
Standard 10. To refuse to take charge of tasks or projects in conflict of rights/interests or in conditions of incompatibility, especially in case they are state employees or hold any positions at public bodies, as established by the current civil legislation of the involved country(ies).
Standard 11. To refuse to accept equivocal positions that could jeopardise their righteousness or independence in properly carrying out the profession.
Standard 12. To avoid participating in competitions for which they accepted to serve as members of the Panel of Judges or helped define terms and requirements, or where there are anyhow involved people with whom they have family or business relationships.
Standard 13. To undertake public service in local governance and environment to improve public appreciation and understanding of the profession and environmental systems.

PROFESSIONAL COMPETENCES

Standard 14. To undertake only professional work for which

they are able to provide proper professional and technical competence and resources.
Standard 15. To maintain qualified professional competence in areas relevant to their own professional work, and carry out their profession work with care, conscientiously and with proper regard to the specific technical and professional standards.

PROFESSIONAL RELATIONSHIPS

Standard 16. To organise and manage their professional work responsibly and with integrity, having constant regard to the interests of their clients.
Standard 17. To promote their professional services in a truthful and responsible manner, without misleading or deceptive claims discreditable to the profession or the work of other professionals.
Standard 18. To uphold maximum respect for the colleagues of their own and any other member association, its representatives and boards, avoiding making statements personally offensive to their peers or to the profession.
Standard 19. To provide, in a timely fashion, all information, explanations, documents or reports they might be asked for by IFLA EUROPE or their own professional association(s).
Standard 20.To promote the exchange, discussion and debate in IFLA EUROPE – live or by means of its social networks – in a truthful and responsible manner, without deceptive claims to, or bringing discredit on, or insulting the IFLA/IFLA EUROPE organisations, officers, member associations, representatives and members of any membership category, as well as any other professional whether working or not as landscape architect.
Standard 21. To inform IFLA EUROPE and the respective national association(s) of any breach of professional duties or misconduct they might be aware of.
Standard 22. To ensure local culture and place are recognised by working in conjunction with a local colleague when undertaking work in a foreign country.
Standard 23. To act in support of other landscape architects, colleagues and partners in their own and other disciplines. Where another landscape architect is known to have undertaken work for which the member is approached by a client, to notify the professional colleague before accepting such commission.
Standard 24. To provide educational and training support to less experienced members or students of the profession over whom they have a professional or employment responsibility.
Standard 25. To manage their personal and professional finances prudently and to preserve the security of monies entrusted to their care in the course of practice or business.
Standard 26. To respect the fee regulations of the profession in countries where such regulations exist.
Standard 27. To participate only in planning or design competitions which are in accordance with the approved competition principles and guidelines of IFLA/IFLA EUROPE, or of IFLA/IFLA EUROPE member organisation in the respective country.
Standard 28. To have an adequate and appropriate Professional Indemnity Insurance.
Standard 29. To deal with any complaints concerning their professional work or practice promptly and appropriately.

LANDSCAPE AND ENVIRONMENT

Standard 30. To recognize and protect the cultural and historical context and the ecosystem to which the landscape belongs when generating design, planning and management proposals.
Standard 31. To develop, use and specify materials, products and processes which exemplify the principles of sustainable management and landscape regeneration.
Standard 32. To advocate values that support human health, environmental protection and biodiversity.

Approved by the General Assembly at its meeting held in Oslo, Norway on October 19th, 2014

注释

第1章

1 Based on the Landscape Institute Digital Plan of Works for Landscape – Release 1.0, created by Anna Dekker and the LI BIM Working Group for The Landscape Institute, 2017 <https://www.landscapeinstitute.org/technical/bim-working-group/li-digital-plan-of-works-for-landscape/> [accessed 18 July 2019 and licensed under CC BY 4.0].

2 R Cohen, C Bavishi & A Rozanski, 'Purpose in Life and Its Relationship to All-Cause Mortality and Cardiovascular Events: A Meta-Analysis', in *Psychosomatic Medicine*, vol. 78, 2016, 122–133.

3 'The Ten Principles | UN Global Compact', <https://www.unglobalcompact.org/what-is-gc/mission/principles> [accessed 12 October 2018].

4 LIVING BUILDING CHALLENGE 4.0 SM A Visionary Path to a Regenerative Future, International Living Future Institute, <https://living-future.org/lbc/> 2019.

5 5 'Certification | SITES', <http://www.sustainablesites.org/certification-guide> [accessed 26 July 2019].

6 M Virtanen et al., 'Long working hours, anthropometry, lung function, blood pressure and blood-based biomarkers: cross-sectional findings from the CONSTANCES study', in *Journal of Epidemiology and Community Health*, 2018, jech-2018.

7 E van der Helm, N Gujar & MP Walker, 'Sleep Deprivation Impairs the Accurate Recognition of Human Emotions', in *Sleep*, vol. 33, 2010, 335–342.

8 'Driver fatigue – Brake the road safety charity', <http://www.brake.org.uk/facts-resources/15-facts/485-driver-tiredness> [accessed 25 October 2018].

9 MM Mitler et al., 'Catastrophes, Sleep, and Public Policy: Consensus Report', in *Sleep*, vol. 11, 1988, 100–109.

10 'The Future State of Landscape Architecture – Embracing the opportunity', The Landscape Institute, 2018.

11 T Amabile, 'How to Kill Creativity', in *Harvard Business Review*, 1998, <https://hbr.org/1998/09/how-to-kill-creativity> [accessed 29 November 2018].

12 'Suicide by occupation, England – Office for National Statistics', <https://www.ons.gov.uk/peoplepopulationandcommunity/birthsdeathsandmarriages/deaths/articles/suicidebyoccupation/england2011to2015> [accessed 28 November 2018].

13 'Suicides in Great Britain – Office for National Statistics', <https://www.ons.gov.uk/peoplepopulationandcommunity/birthsdeathsandmarriages/deaths/bulletins/suicidesintheunitedkingdom/2016registration> [accessed 28 November 2018].

14 'Men's Mental Health and work: The Case for a Gendered Approach', The Work Foundation, 2018.

15 'Action Plan · IFLA World', <http://iflaonline.org/about/structure-governance/regulatory-documents/action-plan/> [accessed 28 February 2018].

16 'IFLA Europe Code of Ethics and Professional Conduct', IFLA Europe, 2014.

17 'The Landscape Institute Code of Standards of Conduct and Practice for Landscape Professionals', The Landscape Institute, 2012.

18 'American Society of Landscape Architects Code of Professional Ethics', 2019, <https://www.asla.org/uploadedFiles/CMS/About__Join/Leadership/Leadership_Handbook/Ethics/ASLA%20Code%20of%20Professional%20Ethics.4.2.19.pdf>.

19 'ASLA Code of Environmental Ethics | asla.org', <https://www.asla.org/ContentDetail.aspx?id=4308&RMenuId=8&PageTitle=Leadership> [accessed 17 June 2019].

20 'Australian Institute of Landscape Architects Code of Professional Conduct', Australian Institute of Landscape Architects, 2005, <https://www.aila.org.au/imis_prod/

documents/AILA/Advocacy/AILA%20Policies/code-of-conduct.pdf>.
21 'Etiskt program och etiska regler', in *Sveriges Arkitekter*, 2014, <https://www.arkitekt.se/etiska-regler/> [accessed 16 May 2019].
22 'Irish Landscape Institute – Code of Ethics and Professional Conduct', 2012, <http://www.irishlandscapeinstitute.com/wp-content/uploads/2013/09/ILI_CodeofEthicsandProfessionalConduct_2012.pdf>.
23 'Construction – Construction Design and Management summary of duties', <http://www.hse.gov.uk/construction/cdm/2015/summary.htm> [accessed 17 June 2019].
24 'Quarterly Overdue Payments Report Q4 2015', <https://www.eulerhermes.co.uk/press_imported/quarterly-overdue-payments-report-q4-2015.html> [accessed 30 November 2018].
25 'Carillion declares insolvency: information for employees, creditors and suppliers', in GOV.UK, <https://www.gov.uk/government/news/carillion-declares-insolvency-information-for-employees-creditors-and-suppliers> [accessed 18 October 2018].
26 'Carillion attacked over subcontractor payments', in *Financial Times*, 2013, <https://www.ft.com/content/b90c2286-b331-11e2-b5a5-00144feabdc0> [accessed 18 October 2018].
27 'The hidden dangers of Carillion's new payment terms', <https://www.theconstructionindex.co.uk/news/view/the-hidden-dangers-of-carillions-new-payment-terms> [accessed 12 October 2018].
28 'Prompt Payment Code', <http://www.promptpaymentcode.org.uk/> [accessed 18 October 2018].
29 F Coppola, 'How Carillion Used A U.K. Government Scheme To Rip Off Its Suppliers', in *Forbes*, <https://www.forbes.com/sites/francescoppola/2018/01/30/how-carillion-used-a-u-k-government-scheme-to-rip-off-its-suppliers/> [accessed 18 October 2018].
30 Business, Energy and Industrial Strategy Committee, 'Carillion – Business, Energy and Industrial Strategy and Work and Pensions Committees – House of Commons', House of Commons, 2018, <https://publications.parliament.uk/pa/cm201719/cmselect/cmworpen/769/76905.htm#_idTextAnchor009> [accessed 15 October 2018].
31 'Carillion joint inquiry', in *UK Parliament*, <https://www.parliament.uk/business/committees/committees-a-z/commons-select/work-and-pensions-committee/inquiries/parliament-2017/carillion-inquiry-17-19/> [accessed 15 October 2018].
32 T Clark, 'Carillion's true cost only just starting to emerge', in *Construction News*, <https://www.constructionnews.co.uk/analysis/cn-briefing/carillions-true-cost-only-just-starting-to-emerge/10037101.article> [accessed 13 November 2018].
33 Ibid.
34 *THE PEAK DISTRICT (QUARRYING)* (Hansard, 7 February 1949), 1949, <http://hansard.millbanksystems.com/commons/1949/feb/07/the-peak-district-quarrying> [accessed 13 March 2018].
35 'Welsh Government | Well-being of Future Generations (Wales) Act 2015', <http://gov.wales/topics/people-and-communities/people/future-generations-act/?lang=en> [accessed 23 August 2017].
36 FSC- International, 'History, partnership and calculated risk in times of change for FSC', in *FSC International*, <https://ic.fsc.org/en/news-updates/id/2000> [accessed 18 June 2019].
37 FSC- International, 'The Share of Sustainable Wood: Data on FSC's Presence in Global Wood Production', in *FSC International*, <https://ic.fsc.org/en/news-updates/id/2210> [accessed 18 June 2019].
38 'Living Building Challenge | Living-Future.org', International Living Future Institute, 2016, <https://living-future.org/lbc/> [accessed 18 June 2019].

第2章

1 Based on the Landscape Institute Digital Plan of Works for Landscape – Release 1.0, created by Anna Dekker and the LI BIM Working Group for The Landscape Institute, 2017 <https://www.landscapeinstitute.org/technical/bim-working-group/li-digital-plan-of-works-for-landscape/> [accessed 18 July 2019 and licensed under CC BY 4.0].
2 SJ Ashford, G Petriglieri & A Wrzesniewski, 'The 4 Things You Need to Thrive in the Gig Economy', *Harvard Business Review*, March–April 2018, 140–143.

3 'Getting a trip request', in *Uber*, <https://help.uber.com/h/6b2345ff-9260-4dca-aadf-687ae5bae7c2> [accessed 23 March 2018].
4 *The Landscape Consultant's Appointment,* 1998, The Landscape Institute.
5 M Farmer, 'The Farmer Review of the UK Construction Labour Model: Modernise or Die – Time to Decide the Industry's Future', Construction Leadership Council (CLC). www.constructionleadershipcouncil.co.uk, 2016, 13.
6 'Digital America: A tale of the haves and have-mores | McKinsey', <https://www.mckinsey.com/industries/high-tech/our-insights/digital-america-a-tale-of-the-haves-and-have-mores> [accessed 18 June 2019].
7 'Soil as Carbon Storehouse: New Weapon in Climate Fight?', in *Yale* E360, <https://e360.yale.edu/features/soil_as_carbon_storehouse_new_weapon_in_climate_fight> [accessed 18 June 2019].
8 SE Ward et al., 'Legacy effects of grassland management on soil carbon to depth', in *Global Change Biology*, vol. 22, 2016, 2929–2938.
9 University of Bristol, '2013: Sustainable landscapes for the future | Cabot Institute for the Environment | University of Bristol', <http://www.bristol.ac.uk/cabot/events/2013/298.html> [accessed 25 April 2019]. Stephen Alderton, DLF France – 'Low Maintenance & Carbon Sequestration: Top Green grass variety research at DLF France's research station, Les Alleuds Angers, France'.
10 RA Birdsey, 'Carbon storage for major forest types and regions in the conterminous United States', in *Forests and Global Change*, vol. 2, 1996, 1–26.
11 'CO_2 emissions (metric tons per capita) | Data', <https://data.worldbank.org/indicator/EN.ATM.CO2E.PC> [accessed 19 July 2019]. (UK average of 6.5 metric tonnes of CO_2 emissions per capita based on 2014 data)
12 M Latham, *Constructing the Team: Final Report: Joint Review of Procurement and Contractual Arrangements in the United Kingdom Construction Industry, London*, HMSO, 1994.
13 T Ōno, *Toyota Production System: Beyond Large-scale Production*, Cambridge, Mass. Productivity Press, 1988.
14 D Boyd & E Chinyio, *Understanding the Construction Client*, Oxford ; Malden, MA, Blackwell, 2006.
15 Lancelot 'Capability' Brown, 'The Account Book of Lancelot 'Capability' Brown, the great landscape gardener of Fenstanton, Hants', 1759–1788. Royal Horticultural Society Lindley Library. GB 803 CAP' on the Archives Hub website, <https://archiveshub.jisc.ac.uk/data/gb803-cap>, [accessed 15 July/2019] <https://archiveshub.jisc.ac.uk/search/archives/4a8b94c0-efee-355d-855f-b7d7e4365147>.
16 <https://www.english-heritage.org.uk/visit/places/audley-end-house-and-gardens/history/capability-brown-at-audley-end/>.
17 M Farmer, 'Modernise or Die!', presented at the CIOB & Constructing Excellence CPD Modernise or Die!, Saïd Business School, Oxford, 2018, <https://events.ciob.org/ehome/200176103>.
18 'Find open data – data.gov.uk', <https://data.gov.uk/> [accessed 18 June 2019].
19 QGIS is a free, open source, cross platform (lin/win/mac) geographical information system (GIS), QGIS, 2018, <https://github.com/qgis/QGIS> [accessed 25 April 2018].
20 'Find your nearest Maggie's Centre', in *Maggie's Centres*, <https://www.maggiescentres.org/our-centres/> [accessed 18 June 2019].
21 'Maggie's Architecture and Landscape Brief', Maggie Keswick Jencks Cancer Caring Trust (Maggie's), 9.
22 'Facts and Figures: Water, Mills & Marshes', in *Water, Mills & Marshes*, <https://watermillsandmarshes.org.uk/wmmdetail/facts-and-figures/> [accessed 19 June 2019].

第3章

1 Based on the Landscape Institute Digital Plan of Works for Landscape – Release 1.0, created by Anna Dekker and the LI BIM Working Group for The Landscape Institute, 2017 <https://www.landscapeinstitute.org/technical/bim-working-group/li-digital-plan-of-works-for-landscape/> [accessed 18 July 2019 and licensed under CC BY 4.0].
2 H Moggridge, *Slow Growth: On the Art of Landscape Architecture*, London, Unicorn, 2017.
3 S King, *On Writing: A Memoir of the Craft*, London, Hodder, 2012.
4 'BS EN ISO 11091:1999 – Construction drawings. Landscape drawing practice', <https://shop.bsigroup.com/Pr

oductDetail/?pid=000000000030011259> [accessed 19 June 2019].
5 *Guidelines for Landscape and Visual Impact Assessment*, Landscape Institute & Institute of Environmental Management and Assessment (eds), Third edition, London; New York, Routledge, Taylor & Francis Group, 2013.
6 'Spatial opendata | Landscape Institute', <https://www.landscapeinstitute.org/technical-resource/spatial-opendata/> [accessed 19 June 2019].
7 G Jellicoe, Kennedy memorial lecture to the Royal Academy of Arts, 28 February 1967 – published in *Studies in Landscape Design*, London, New York, Oxford University Press, 1960.
8 S Mann & R Cadman, 'Does Being Bored Make Us More Creative?', in *Creativity Research Journal*, vol. 26, 2014, 165–173.
9 'Sight, perception and hallucinations in dementia– Factsheet 527LP', Alzheimer's Society, 2016, <https://www.alzheimers.org.uk/sites/default/files/pdf/sight_perception_and_hallucinations_in_dementia.pdf> [accessed 19 June 2019].
10 'Creating a dementia friendly environment | Age UK Norfolk', <https://www.ageuk.org.uk/norfolk/our-services/dementia-in-your-community/creating-a-dementia-friendly-environment/> [accessed 19 June 2019].

第4章

1 Construction – Construction Design and Management Summary of Duties.
2 IFTTT, 'IFTTT helps your apps and devices work together', <https://ifttt.com> [accessed 19 June 2019].
3 'Common data environment CDE – Designing Buildings Wiki', <https://www.designingbuildings.co.uk/wiki/Common_data_environment_CDE> [accessed 19 June 2019].
4 What Clients think of Architects – Feedback from the 'Working with Architects' Client Survey 2016 <https://www.architecture.com/-/media/gathercontent/working-with-architects-survey/additional-documents/ribaclientsurveyfinalscreenwithoutappendixpdf.pdf> [accessed 16 July 2019].
5 'Bring your Lessons to Life with Expeditions', in Google for Education, <https://edu.google.com/products/vr-ar/expeditions/> [accessed 19 June 2019].
6 'Expeditions Pioneer Program – Google', <https://www.google.co.uk/edu/pioneer-program/> [accessed 19 June 2019].
7 'Materials Petal | Living-Future.org', in International Living Future Institute, 2016, <https://living-future.org/lpc/materials-petal/> [accessed 19 June 2019].
8 'Candidate List of substances of very high concern for Authorisation – ECHA', <https://echa.europa.eu/candidate-list-table> [accessed 4 October 2017].
9 'The Red List', in The Living Future Institute, <https://living-future.org/declare/declare-about/red-list/> [accessed 4 October 2017].
10 'Declare Products | Living-Future.org', International Living Future Institute, 2016, <https://living-future.org/declare/> [accessed 19 June 2019].
11 'Assessing the costs and benefits of reducing waste in construction – Cross-sector comparison', WRAP, <http://www.wrap.org.uk/sites/files/wrap/CBA%20Summary%20Report1.pdf>.
12 'Selling light as a service', <https://www.ellenmacarthurfoundation.org/case-studies/selling-light-as-a-service> [accessed 21 June 2018].
13 'DiSC Profile – Assessments for teams and team members', in DiSCProfile.com, <https://discprofile.com/which-disc-to-use/assessments-for-teams/> [accessed 19 June 2019].
14 D McGinn, 'What Companies Can Learn from Military Teams', *Harvard Business Review*, 2015, <https://hbr.org/2015/08/what-companies-can-learn-from-military-teams> [accessed 26 June 2018].
15 R Millar, 'Serve the Story', 2015, <https://www.ryanmillar.com/serve-the-story/> [accessed 25 June 2018].
16 S Peters, *The Chimp Paradox: The Mind Management Programme for Confidence, Success and Happiness*, London, Vermilion, 2012.
17 *BIM for Landscape*, Landscape Institute (ed), London; New York, Routledge, Taylor & Francis Group, 2016.
18 A Andreou, 'Defensive architecture: keeping poverty unseen and deflecting our guilt', *Guardian*, 18 February 2015, section Society, <http://www.theguardian.com/society/2015/feb/18/defensive-architecture-keeps-poverty-undeen-and-makes-us-more-hostile> [accessed 17 July 2018].
19 J Jacobs, *The Death and Life of Great American Cities*, Vintage Books (ed), New York, Vintage Books, 1992.

20 A Minton & J Aked, "Fortress Britain": High Security, Insecurity and the Challenge of Preventing Harm' in *The City Between Freedom and Security*, D Simpson, V Jensen & A Rubing (eds), Berlin, Boston, De Gruyter, 2017, <http://www.degruyter.com/view/books/9783035607611/9783035607611-009/9783035607611-009.xml> [accessed 23 July 2018].

21 'Conflict Minerals: Campaigners Strongly Criticise "Weak" EU Safeguards Against Conflict Minerals', <https://www.amnesty.org.uk/press-releases/conflict-minerals-campaigners-strongly-criticise-weak-eu-safeguards-against-conflict> [accessed 19 June 2019].

22 Great Britain & Home Office, Modern slavery strategy., 2014, <https://nls.ldls.org.uk/welcome.html?ark:/81055/vdc_100023703808.0x000001> [accessed 24 August 2017].

23 '21 Million People Are Now Victims of Forced Labour, ILO Says'.

24 Kanthal, 'Anti-slavery day: factsheet', in United Nations Association, <https://www.una.org.uk/anti-slavery-day-factsheet> [accessed 3 August 2018].

25 'Tide kills 18 cockle pickers', 6 February 2004, <http://news.bbc.co.uk/1/hi/england/lancashire/3464203.stm> [accessed 19 June 2019].

26 E Crates, 'Building a Fairer System: Tackling Modern Slavery in Construction Supply Chains', The Chartered Institute of Building (CIOB), 2016.

27 Ibid.

28 Ibid. 43.

29 Ibid. 51.

30 'Stockholm – a city for everyone. Participation programme for people with disabilities 2011–2016', Stadsledningskontoret, 2011.

31 'Convention on the Rights of Persons with Disabilities (CRPD) | United Nations Enable', <https://www.un.org/development/desa/disabilities/convention-on-the-rights-of-persons-with-disabilities.html> [accessed 3 July 2018].

32 Lennart Klaesson, Catarina Nilsson, & Sara Malm with Pernilla Johnni, 'Stockholm – en stad för alla', *Trafikkontoret Stockholm*, 2008, 74.

33 'Stockholm – the City for Everyone: Twelve Years of the Project of Easy Access', 9.

34 Steve Maslin, in his book on *Enabling Mind Friendly Environments* (title to be agreed) 2019.

35 'Inclusive Design Strategy 2008', Olympic Delivery Authority I, 2008, 8.

36 'Accessibility – 2012 Olympics | London 2012', 2012, <https://web.archive.org/web/20120705115511/http://www.london2012.com/spectators/accessibility/index.html> [accessed 5 September 2018].

37 'Convention on the Rights of Persons with Disabilities – Articles | United Nations Enable'.

38 L Poon, 'Google Gets Serious About Mapping Wheelchair Accessibility', in CityLab, <https://www.citylab.com/life/2017/09/google-gets-serious-about-mapping-wheelchair-accessibility/539220/> [accessed 20 August 2018].

39 'Inclusive Design Standards 2013', 2013, 20, <http://www.queenelizabetholympicpark.co.uk/-/media/qeop/files/public/inclusivedesignstandardsmarch2013.ashx?la=en>.

40 R Ulrich, 'View through a window may influence recovery from surgery', in Science, vol. 224, 1984, 420–421.

41 R Ulrich, O Lundén & J Eltinge, 'Effects of exposure to nature and abstract pictures on patients recovering from heart surgery', Thirty-Third Meeting of the Society of Psychophysiological Research, Rottach-Egern, Germany., 1993.

42 ACK Lee & R Maheswaran, 'The health benefits of urban green spaces: a review of the evidence', *Journal of Public Health*, vol. 33, 2011, 212–222.

43 'Urban Green Spaces and Health', Copenhagen, World Health Organization Regional Office for Europe, 2016.

44 'Sustainable Development Goals: 17 Goals to Transform Our World', United Nations Sustainable Development, <https://www.un.org/sustainabledevelopment/> [accessed 28 August 2018].

45 'Urban Green Spaces and Health', 11.

46 PP Ekins, 'Reflections: Ecosystem Services and Sustainable Development', presented at Creating a New Prosperity: Fresh Approaches to Ecosystem Services and Human Well-being, Royal Geographical Society, London, 2009, <https://www.researchcatalogue.esrc.ac.uk/grants/RES-496-26-0045/outputs/read/47f489f8-ee7d-4589-80c9-a02358806339>.

47 'O'Dell Engineering – Land Connections – Vestibular & Proprioceptive Sensory Systems – Modesto Landscape Architecture', <http://www.odellengineering.com/informer/L_PA-Oct_10.htm> [accessed 30 August 2018].

48 GA Rook, 'Regulation of the immune system by biodiversity from the natural environment: An ecosystem service essential

to health', Proceedings of the National Academy of Sciences of the United States of America, 2013, <www.pnas.org/cgi/doi/10.1073/pnas.1313731110>.

49 'Road traffic statistics – Manual count point: 27663', <https://roadtraffic.dft.gov.uk/manualcountpoints/27663> [accessed 25 June 2019].

50 'Assessment of an Archaeological Watching Brief During the Whitehall Streetscape Improvement Project, City of Westminster', Pre-Construct Archaeology Ltd (London), <http://archaeologydataservice.ac.uk/library/browse/issue.xhtml?recordId=1117594&recordType=GreyLitSeries>.

51 Integrated Security – A Public Realm Design Guide for Hostile Vehicle Mitigation – Second Edition, Centre for the Protection of National Infrastructure, 2014, 22, <https://www.cpni.gov.uk/system/files/documents/40/20/Integrated%20Security%20Guide.pdf>.

52 The Institution of Highways & Transportation Awards 2008, the IHT/Centre for the Protection of National Infrastructure Security in the Public Realm Award submission Whitehall Streetscape Improvement Project.

53 *Integrated Security: A Public Realm Design Guide for Hostile Vehicle Mitigation – Second Edition.*

第5章

1 Based on the Landscape Institute Digital Plan of Works for Landscape – Release 1.0, created by Anna Dekker and the LI BIM Working Group for The Landscape Institute, 2017 <https://www.landscapeinstitute.org/technical/bim-working-group/li-digital-plan-of-works-for-landscape/> [accessed 18 July 2019 and licensed under CC BY 4.0].

2 'BIM Level 2 Benefits Measurement application of PwC's BIM Level 2 Benefits Measurement Methodology to Public Sector Capital Assets', PwC, 2018, <https://www.cdbb.cam.ac.uk/Downloads/Level2/4.PwCBMMApplicationReport.pdf>.

3 A Luck & H Boyes, 'Introduction to PAS 1192-5:2015: A specification for security-minded building information modelling, digital built environments and smart asset management', British Standards Institution (BSI) and Centre for the Protection of National Infrastructure (CPNI), 2, <https://www.cpni.gov.uk/system/files/documents/18/6f/BIM-Introduction-To-PAS1192-5.pdf>.

4 'Construction Code of Practice for the Sustainable Use of Soils on Construction Sites', Department for Environment, Food and Rural Aff, 2009, 6, <https://assets.publishing.service.gov.uk/government/uploads/system/uploads/attachment_data/file/716510/pb13298-code-of-practice-090910.pdf>.

5 'Permits & Tree Protection', City of Toronto, 2017, <https://www.toronto.ca/services-payments/building-construction/tree-ravine-protection-permits/tree-protection/> [accessed 22 July 2019].

6 'Trees in Toronto', City of Toronto, 2017, <https://www.toronto.ca/services-payments/water-environment/trees/> [accessed 11 February 2019].

7 'Permit to Injure or Remove Trees', City of Toronto, 2017, <https://www.toronto.ca/services-payments/building-construction/tree-ravine-protection-permits/permit-to-injure-or-remove-trees/> [accessed 22 July 2019].

8 'BS 5837:2012 Trees in relation to design, demolition and construction. Recommendations', 19, <https://shop.bsigroup.com/ProductDetail/?pid=000000000030213642> [accessed 20 June 2019].

9 'Tree Preservation Orders and trees in conservation areas', in *GOV.UK*, <https://www.gov.uk/guidance/tree-preservation-orders-and-trees-in-conservation-areas> [accessed 15 March 2019].

10 RG Eccles, SC Newquist & R Schatz, 'Reputation and Its Risks', in *Harvard Business Review*, 2007, <https://hbr.org/2007/02/reputation-and-its-risks> [accessed 8 February 2019].

11 'What is Technical Debt? – Definition from Techopedia', in *Techopedia.com*, <https://www.techopedia.com/definition/27913/technical-debt> [accessed 20 June 2019].

12 *Improving Infrastructure Delivery: Alliancing Best Practice in Infrastructure Delivery*, HM Treasury, 2014, <https://assets.publishing.service.gov.uk/government/uploads/system/uploads/attachment_data/file/359853/Alliancing_Best_Practice.pdf>.

13 'What is alliancing?', *LH Alliances*, <http://lhalliances.org.uk/what-is-alliancing/> [accessed 15 February 2019].

14 'Constructing the Team (The Latham Report)', in *Constructing Excellence*, 2015, <http://constructingexcellence.org.uk/resources/constructing-the-team-the-latham-report/> [accessed 20 June 2019].

15 M Chui et al., 'The social economy: unlocking value and productivity through social technologies | McKinsey',

<https://www.mckinsey.com/industries/high-tech/our-insights/the-social-economy> [accessed 22 January 2019].

16 'Project Management Software – Edenvale Young Associates', <http://webserve.default.edenvaleyoung.uk0.bigv.io/blog/2015/11/project-management-software#more> [accessed 22 January 2019].

17 'BS 3936-1:1992 – Nursery stock. Specification for trees and shrubs', <https://shop.bsigroup.com/ProductDetail/?pid=000000000000262241> [accessed 20 June 2019].

18 'HoloLens is helping architects to build better buildings, says RIBA', in *Microsoft News Centre UK*, 2017, <https://news.microsoft.com/en-gb/2017/07/20/microsoft-hololens-is-helping-architects-to-build-better-buildings-says-riba/> [accessed 15 March 2019].

19 'ASLA Code of Professional Ethics | asla.org', <https://www.asla.org/ContentDetail.aspx?id=4276> [accessed 7 March 2019].

20 D Mitchell, 'We're unable to see the wood for all the pesky bird-filled trees', *Guardian*, 17 March 2019, <https://www.theguardian.com/commentisfree/2019/mar/17/unable-to-see-the-wood-for-all-those-pesky-bird-filled-trees> [accessed 20 June 2019].

21 'what3words | Addressing the world', <https://what3words.com> [accessed 20 June 2019].

22 'United Nations Disaster Reporting App & what3words', in *what3words*, <https://what3words.com/partner/un-asign/> [accessed 20 June 2019].

23 'Disturbed by noise in the Square Mile?' City of London, <https://www.cityoflondon.gov.uk/business/environmental-health/environmental-protection/Pages/Disturbed-by-noise.aspx> [accessed 11 April 2019].

24 'Scheme Monitors | ccscheme', <https://www.ccscheme.org.uk/ccs-ltd/site-monitors/> [accessed 20 June 2019].

第6章

1 Based on the Landscape Institute Digital Plan of Works for Landscape – Release 1.0, created by Anna Dekker and the LI BIM Working Group for The Landscape Institute, 2017 <https://www.landscapeinstitute.org/technical/bim-working-group/li-digital-plan-of-works-for-landscape/> [accessed 18 July 2019 and licensed under CC BY 4.0].

2 'Management and maintenance plan guidance for landscapes, parks and gardens | The National Lottery Heritage Fund', <https://www.heritagefund.org.uk/publications/management-and-maintenance-plan-guidance-landscapes-parks-and-gardens> [accessed 20 June 2019].

3 M Crawford, *Creating a Forest Garden: Working with Nature to Grow Edible Crops*, Reprinted with minor amendments; Hier auch später erschienene, unveränderte Nachdrucke, Totnes, Devon, Green Books, 2012.

4 L Kolowich, '22 Customer Review Sites for Collecting Business & Product Reviews', <https://blog.hubspot.com/service/customer-review-sites> [accessed 8 April 2019].

5 D Clark, 'What You Need to Stand Out in a Noisy World', in *Harvard Business Review*, 2017, <https://hbr.org/2017/01/what-you-need-to-stand-out-in-a-noisy-world> [accessed 20 June 2019].

6 'CPD | Landscape Institute', <https://www.landscapeinstitute.org/member-content/cpd/> [accessed 25 March 2019].

7 A Henry, 'Get Better at Getting Better: The Kaizen Productivity Philosophy', in *Lifehacker*, <https://lifehacker.com/get-better-at-getting-better-the-kaizen-productivity-p-1672205148> [accessed 11 April 2019].

8 'The Future State of Landscape Architecture – Embracing the Opportunity', 5.

9 *The Green Book – Appraisal and Evaluation in Central Government*, 2018, <https://assets.publishing.service.gov.uk/government/uploads/system/uploads/attachment_data/file/685903/The_Green_Book.pdf>.

10 *The Magenta Book – Guidance for Evaluation*, 2011.

11 M Nourinejad, S Bahrami & MJ Roorda, 'Designing parking facilities for autonomous vehicles', in *Transportation Research Part B: Methodological*, vol. 109, 2018, 110–127.

12 Ibid.

13 C Werth, 'How Stupid Is Our Obsession With Lawns? (Ep. 289), *Freakonomics*, <http://freakonomics.com/podcast/how-stupid-obsession-lawns/> [accessed 26 April 2019].

14 FS Santamour, 'Trees for Urban Planting: Diversity, Uniformity, and Common Sense'.

15 T McVeigh, 'Dieback has affected 90% of Denmark's ash trees. Britain faces a similar threat', *The Observer*, 6 October 2012, <https://www.theguardian.com/world/2012/oct/07/disease-killing-denmarks-ash-trees> [accessed 26 April 2019].

16 Santamour, 10.

17 'Level Monitoring', in *Flood Network*, <https://flood.network/what> [accessed 20 June 2019].

18 E Hubbard, *John North Willys – Elbert Hubbard's Selected Writings*, Part 2, 1922, 335.

19 'Latent Damage Act 1986', <http://www.legislation.gov.uk/ukpga/1986/37?view=extent> [accessed 27 April 2019].

20 'Learning Legacy | London 2012', <https://webarchive.nationalarchives.gov.uk/20180426101359/http://learninglegacy.independent.gov.uk/> [accessed 28 April 2019].

21 An evaluation approach introduced to me by the monitoring and evaluations manager from the Stockholm Environment Institute, Annemarieke de Bruin, that combines questions from S. Earl's *Outcome Mapping*, R Davies and J Dart's *Most Significant Change* and L Meagher and C Lyall's work on academic research evaluations.

22 'File formats and standards – Digital Preservation Handbook', <https://dpconline.org/handbook/technical-solutions-and-tools/file-formats-and-standards> [accessed 28 April 2019].

23 'Recommended Formats Statement – table of contents | Resources (Preservation, Library of Congress)', <http://www.loc.gov/preservation/resources/rfs/TOC.html> [accessed 28 April 2019].

24 'Landscape Institute archive', *The MERL*, 2017, <https://merl.reading.ac.uk/collections/landscape-institute/> [accessed 20 June 2019].

25 *Public Lab: a DIY environmental science community*, <https://publiclab.org/> [accessed 20 June 2019].

26 University of Bristol, '2013: Sustainable landscapes for the future | Cabot Institute for the Environment | University of Bristol', <http://www.bristol.ac.uk/cabot/events/2013/298.html> [accessed 25 April 2019].

27 H Wood, 'Sustainable Landscape Management – from past experience to future perspectives', presented at the Landscape Institute North East Region, Royal Station Hotel, Neville Street, Newcastle upon Tyne, 2016.

图片来源

Architectural Press Archive / RIBA Collections Figure 6.16
Ben Ward Figure 6.11
The Broads Authority Figures 2.0, 2.2.0, 2.2.2–5, 2.2.7–8
Centre for the Protection of National Infrastructure Figure 4.1.0, 4.1.6, 4.1.9
The City of London Figure 5.10
Considerate Constructors Scheme Figure 5.11
Claire Thirlwall Figures 1.0–1, 1.3, 1.6–7, 2.1–2, 2.4–5, 2.7–10, 2.2.1 2.2.6, 2.2.9, 3.0, 3.7–10, 4.0–3, 4.5–14, 4.1.1, 4.1.3–5, 4.1.7–8, 4.2.0–1, 4.2.4–5, 5.1–5, 5.7–8, 5.1.3, 5.1.5, 5.1.7, 5.1.9, 6.0–6.2, 6.5–10, 6.13, 6.17–18
David Jarvis Associates Figures 1.5, 3.5, 6.14–15
Emmanuelle Martos for Ilex Paysage + Urbanisme Landscape Architects Figure 6.1.4
Gustafson Porter + Bowman Figures 5.1.0–1, 5.1.4, 5.1.6, 5.1.8, 5.1.10
Hani Hatami, Humanscale Figure 4.4
Howard Wood Figures 2.3, 6.1.0–3, 6.1.5–8
International Living Future Institute Figures 1.1.2–3
Jacqueline Cross Figure 5.0
James Hitchmough Figures 4.2.2–3, 4.2.6–9
Jeff Schmaltz, MODIS Rapid Response Team, NASA/GSFC NASA Figure 5.6
Jeremy Barrell Figure 6.3
Landscape Institute Figure 6.4
Landscape Institute Archive Figure 6.12
Maggie's Centres Figure 2.1.2
Maggie's Centres / Arabella Lennox-Boyd Figure 2.1.0
Maggie's Centres / Charles Jencks Figure 2.1.8
Maggie's Centres / Lily Jencks Figures 2.1.3, 2.1.6–7
Maggie's Centres / Rankin Fraser Figures 2.1.1, 2.1.4, 2.1.9
Maggie's Centres / Rupert Muldoon Figure 2.1.5
Mark Farmer Figure 2.6
Martin Brown Figures 1.1.7–8
Morgan Sindall Construction & Infrastructure Ltd Figure 5.12
Paul G. Wiegman, courtesy of Phipps Conservatory and Botanical Gardens Figures 1.1.0–1, 1.1.4–6
RIBA Collections Figures 1.2, 3.1–4, 3.6, 4.1.2, 5.1.2
Talley Associates Figure 1.4
what3words Ltd Figure 5.9

推荐阅读书目

Boyd, D, & E Chinyio, *Understanding the Construction Client*. Oxford; Malden, MA, Blackwell, 2006 – one of the few books on the client relationship

Crates, E, *Building a Fairer System: Tackling Modern Slavery in Construction Supply Chains*. The Chartered Institute of Building (CIOB), 2016

Crawford, M, *Creating a Forest Garden: Working with Nature to Grow Edible Crops*. Totnes, Devon, Green Books, 2012 – a comprehensive work useful for designing edible landscapes with many topics relevant to landscape architecture

Farmer, M, *'The Farmer Review of the UK Construction Labour Model: Modernise or Die – Time to Decide the Industry's Future'*. Construction Leadership Council (CLC) – worth reading in full to understand how the construction industry needs to change

Hitchmough, J, Sowing *Beauty: Designing Flowering Meadows from Seed*. Portland, USA, Timber Press, 2017 – a stunning book explaining James's planting concept

Integrated Security: *A Public Realm Design Guide for Hostile Vehicle Mitigation* – Second Edition. Centre for the Protection of National Infrastructure, 2014, https://www.cpni.gov.uk/system/files/documents/40/20/Integrated%20Security%20Guide.pdf – this important guide won the Landscape Institute Awards 2011 Research Award

Landscape Institute, ed., BIM for Landscape. London; New York, Routledge, Taylor & Francis Group, 2016 – a well-written and informative book on BIM specific to our profession

Moggridge, H, *Slow Growth: On the Art of Landscape Architecture*. London, Unicorn, 2017 – one of my favourite books on landscape architecture; Hal's insight into our profession is a great reminder of the value of our art

Rosling, H, O Rosling, & AR Rönnlund, *Factfulness: Ten Reasons we're Wrong about the World – and Why Things are Better than you Think*. London, Sceptre, 2018 – a wonderfully inspiring book by the late Hans Rosling. A good primer for interpreting data – after reading it you'll start to spot the tricks used by politicians

Peters, S, *The Chimp Paradox: The Mind Management Programme for Confidence, Success and Happiness*. London, Vermilion, 2012 – one of the best books I've read on behaviour, and useful for understanding teams